运筹学基础

YUNCHOUXUE JICHU

主　编　李承宁　徐武明
副主编　丁　灿　朱广财
　　　　林　波　唐雪梅

西南财经大学出版社

图书在版编目(CIP)数据

运筹学基础/李承宁,徐武明主编. 一成都:西南财经大学出版社,2014.10(2017.1 重印)

ISBN 978 - 7 - 5504 - 1535 - 5

Ⅰ.①运… Ⅱ.①李…②徐… Ⅲ.①运筹学 Ⅳ.①O22

中国版本图书馆 CIP 数据核字(2014)第 185934 号

运筹学基础

主　编:李承宁　徐武明
副主编:丁　灿　朱广财　林　波　唐雪梅

责任编辑:张明星
助理编辑:傅倩宇
封面设计:墨创文化
责任印制:封俊川

出版发行	西南财经大学出版社(四川省成都市光华村街55号)
网　　址	http://www.bookcj.com
电子邮件	bookcj@foxmail.com
邮政编码	610074
电　　话	028 - 87353785　87352368
照　　排	四川胜翔数码印务设计有限公司
印　　刷	四川森林印务有限责任公司
成品尺寸	185mm × 260mm
印　　张	13
字　　数	275 千字
版　　次	2014 年 10 月第 1 版
印　　次	2017 年 1 月第 2 次印刷
印　　数	2001—3000 册
书　　号	ISBN 978 - 7 - 5504 - 1535 - 5
定　　价	29.00 元

前　言

　　运筹学的重要性和实用性越来越受到人们的重视。目前，各高校开设运筹学课程的专业越来越多，为适应运筹学教学的需要，编写一本适合理工科以及管理和经济等专业使用的运筹学教材非常重要。

　　本书注重实用性，注重理论联系实际，具有一定的深度和广度，叙述深入浅出、通俗易懂，每章末都有习题。本书适合于各专业本、专科生选用，同时兼顾研究生和实际应用人员的使用需求。

　　全书由西华大学的运筹学任课教师李承宁、徐武明任主编，西南政法大学管理学院唐雪梅任副主编。全书共分11章，内容包括：绪论、线性规划、对偶问题、灵敏度分析和参数线性规划、运输问题、整数规划、目标规划、图与网络分析、动态规划、存储论、对策论。其中绪论和第1章、第2章由丁灿、李承宁编写；第3章、第4章、第5章由朱广财、牟绍波、李承宁编写；第6章、第7章、第8章由徐武明、刘欢、唐雪梅编写；第9章、第10章由林波、唐雪梅编写。全书由徐武明统稿，李承宁审阅定稿。

　　本书是西华大学"工商管理特色专业"建设阶段性成果。在编写过程中参阅了大量的中外参考书籍和文献资料，在此对这些作者、译者表示衷心感谢！由于编者水平有限，书中不妥之处恳请广大读者批评指正。

编者

2014 年 3 月

目 录

0 绪论 ……………………………………………………………………… (1)

  0.1 运筹学简史 ………………………………………………………… (1)

  0.2 运筹学的性质和特点 ……………………………………………… (2)

  0.3 运筹学的工作步骤 ………………………………………………… (3)

  0.4 运筹学的模型 ……………………………………………………… (4)

  0.5 运筹学的分支 ……………………………………………………… (5)

  0.6 运筹学在管理学中的应用 ………………………………………… (7)

1 线性规划 ……………………………………………………………… (9)

  1.1 线性规划及其数学模型 …………………………………………… (9)

  1.2 两变量线性规划的图解法 ………………………………………… (11)

  1.3 线性规划问题的标准形式 ………………………………………… (13)

  1.4 标准形式线性规划问题的解 ……………………………………… (16)

  1.5 单纯形法的原理 …………………………………………………… (18)

  1.6 表格形式的单纯形法 ……………………………………………… (26)

  1.7 人工变量求可行基的解法 ………………………………………… (29)

  1.8 求解和应用中遇到的一些问题 …………………………………… (33)

  1.9 线性规划的基本理论和推广应用 ………………………………… (37)

  习 题 ………………………………………………………………… (47)

2 对偶问题 ……………………………………………………………… (52)

  2.1 对偶问题的提出 …………………………………………………… (52)

  2.2 对称和非对称对偶线性规划 ……………………………………… (53)

  2.3 线性规划的对偶理论 ……………………………………………… (57)

  2.4 对偶单纯形法 ……………………………………………………… (60)

  2.5 对偶变量的经济含义——影子价格 ……………………………… (63)

习　题 ……………………………………………………… (64)

3　灵敏度分析和参数线性规划 ………………………………… (67)
3.1　灵敏度分析的提出 …………………………………… (67)
3.2　目标函数系数的改变 ………………………………… (68)
3.3　右端项的改变 ………………………………………… (69)
3.4　系数矩阵的改变 ……………………………………… (70)
3.5　参数线性规划 ………………………………………… (73)
习　题 ……………………………………………………… (76)

4　运输问题 …………………………………………………… (80)
4.1　运输问题的数学模型 ………………………………… (80)
4.2　表上作业法 …………………………………………… (82)
4.3　产销不平衡的运输问题 ……………………………… (90)
习　题 ……………………………………………………… (92)

5　整数规划 …………………………………………………… (98)
5.1　整数规划问题的数学模型 …………………………… (98)
5.2　分枝定界法 …………………………………………… (100)
5.3　0.1 型整数规划 ……………………………………… (103)
5.4　分配问题 ……………………………………………… (108)
习　题 ……………………………………………………… (112)

6　目标规划 …………………………………………………… (116)
6.1　基本概念及模型的建立 ……………………………… (116)
6.2　图解法 ………………………………………………… (119)
6.3　单纯形法 ……………………………………………… (120)
6.4　目标优先次序的确定 ………………………………… (122)
6.5　应用举列 ……………………………………………… (123)
习　题 ……………………………………………………… (125)

7 图与网络分析 ……………………………………………… (129)

7.1 基本概念 ………………………………………………… (129)

7.2 最大流问题 ……………………………………………… (130)

7.3 最短路问题 ……………………………………………… (133)

7.4 网络计划技术 …………………………………………… (137)

习 题 ………………………………………………………… (141)

8 动态规划 ………………………………………………… (145)

8.1 多阶段决策问题 ………………………………………… (145)

8.2 最优化原理和动态规划递推关系 ……………………… (146)

8.3 一类非线性规划的动态解法 …………………………… (147)

8.4 约束条件不明显的动态规划问题举例 ………………… (150)

8.5 随机性动态规划问题举例 ……………………………… (152)

习 题 ………………………………………………………… (154)

9 存储论 …………………………………………………… (158)

9.1 存储模型的基本概念 …………………………………… (158)

9.2 确定型存储模型 ………………………………………… (160)

9.3 随机型存储模型 ………………………………………… (169)

习 题 ………………………………………………………… (175)

10 决策论 …………………………………………………… (177)

10.1 决策论概述 ……………………………………………… (177)

10.2 确定型决策 ……………………………………………… (179)

10.3 非确定型决策 …………………………………………… (180)

10.4 风险型决策 ……………………………………………… (183)

10.5 多目标决策的层次分析法 ……………………………… (191)

习 题 ………………………………………………………… (196)

0 绪论

0.1 运筹学简史

"运筹学"一词在英国称为 Operational Research，在美国称为 Operations Research（缩写为 O. R.），可直译为"运用研究"或"作业研究"。由于运筹学涉及的主要领域是管理，研究的基本手段是建立数学模型，并比较多地运用各种数学工具，从这点出发，有人将运筹学称为"管理数学"。1957 年我国从"夫运筹帷幄之中，决胜千里之外"（见《史记·高祖本纪》）这句古语中摘取"运筹"二字，将 O. R. 正式译作运筹学（我国在 1956 年曾用过"运用学"，到 1957 年正式定名为"运筹学"）。古语中"运筹"二字，既显示其军事的起源，也表明它在我国已早有萌芽，也恰当地反映了这门学科的精髓。

朴素的运筹学思想在我国古代文献中就有不少记载，例如田忌赛马和丁渭修皇宫等故事。田忌赛马的事是说一次齐王和田忌赛马，规定双方各出上、中、下三个等级的马各一匹。如果按同等级的马比赛，齐王可获全胜，但田忌采取的策略是以下马对齐王的上马，以上马对齐王的中马，以中马对齐王的下马，结果田忌反以二比一获胜。丁渭修皇宫的故事发生在北宋时代，皇宫因火焚毁，由丁渭主持修复工作。他让人在宫前大街取土烧砖，挖成大沟后灌水成渠，利用水渠运来各种建筑用材料，工程完毕后再以废砖乱瓦等填沟修复大街，做到减少和方便运输，加快了工程进度。

运筹学作为一门科学，诞生于 20 世纪 30 年代末期，通常认为运筹学的运用是从第二次世界大战早期的军事部门开始的。当时英国为解决空袭的早期预警，做好反侵略战争准备，积极进行"雷达"的研究。但随着雷达性能的改善和配置数量的增多，出现了来自不同雷达站的信息以及雷达站同整个防空作战系统的协调配合问题。1938 年 7 月，波得塞（Bawdsey）雷达站的负责人罗伊（A. P. Rowe）提出立即进行整个防空作战系统运行的研究，并用"Operational Research"一词作为这方面研究的描述，这就是 O. R. 这个名词的来源。1940 年 9 月英国成立了由物理学家布莱克特（P. M. S. Blackett）领导的第一个运筹学小组，后来发展到每一个英军指挥部都成立了运筹学小组。1942 年美国和加拿大也都相继成立运筹学小组，这些小组在确定扩建舰队规模、开展反潜艇战的侦察和组织有效的对敌轰炸等方面，作了大量研究，为取得反法西斯战争的胜利及运筹学有关分支的建立作出了贡献。1939 年，苏联学者康托洛维奇（JT. B. KaHTopobny）在解决工业生产组织和计划问题时，提出了类似线性规划模型，并给出了"解乘数法"的求解方法，为数学与管理科学的结合作出了开创性的工作。

第二次世界大战期间，英、美军队中的运筹学小组研究，诸如护航舰队保护商队的编队问题；当船队遭受德国潜艇的攻击时，如何使船队损失最小的问题；反潜深水炸弹的合理起爆深度问题；稀有资源在军队中的分配问题等。第二次世界大战后，运筹学在军事上的显著成功，引起了人们的广泛关注，运筹学很快深入到工业、商业、政府部门等，并得到了迅速发展。

在 20 世纪 50 年代中期，钱学森、许国志等教授全面介绍运筹学，并结合我国特点在国内推广应用。1957 年，我国在建筑业和纺织业中首先应用运筹学；从 1958 年开始在交通运输、工业、农业、水利建设、邮电等方面陆续得到推广应用。在解决邮递员合理投递线路时，管梅谷教授提出了国外称之为"中国邮路问题"的解法；从 20 世纪 60 年代起，运筹学在钢铁和石油部门开始得到了比较全面、深入的应用；从 1965 年起，统筹法在建筑业、大型设备维修计划等方面的应用取得了可喜的进展；1970 年在全国大部分省、市和部门推广优选法；20 世纪 70 年代中期，最优化方法在工程设计界受到了广泛的重视，并在许多方面取得成果；排队论开始应用于矿山、港口、电信及计算机等方面；图论用于线路布置、计算机设计、化学物品的存放等；20 世纪 70 年代后期，存储论在应用汽车工业等方面获得成功。在此期间，以华罗庚教授为首的一大批数学家加入到运筹学的研究队伍中，使运筹学的很多分支很快跟上了当时的国际水平。

0.2 运筹学的性质和特点

运筹学是一门应用科学，至今还没有统一且确切的定义，但有以下几个定义可以说明运筹学的性质和特点。莫斯（P. M. Morse）和金博尔（G. E. Kimball）对运筹学下的定义是："为决策机构在对其控制下的业务活动进行决策时，提供以数量化为基础的科学方法。"它首先强调的是科学方法，这含义不单是某种研究方法的分散和偶然的应用，而是可用于整个一类问题上，并能传授和有组织地活动。它强调以量化为基础，必然要用数学。但任何决策都包含定量和定性两方面，而定性方面又不能简单地用数学表示，如政治、社会等因素，只有综合多种因素的决策才是全面的。运筹学工作者的职责是为决策者提供可以量化方面的分析，指出那些定性的因素。另一定义是："运筹学是一门应用科学，它广泛应用现有的科学技术知识和数学方法，解决实际中提出的专门问题，为决策者选择最优决策提供定量依据。"这定义表明运筹学具有多学科交叉的特点，如综合运用经济学、心理学、物理学、化学中的一些方法。运筹学是强调最优决策，"最"是过分理想了，在实际生活中往往用"次优"、"满意"等概念代替"最优"。因此，运筹学的又一定义是："运筹学是一种给出问题坏的答案的艺术，否则的话，问题引起的结果会更坏。"

根据以上定义，我们可以看出运筹学有以下几个基本特点：

（1）系统性。运筹学研究问题是从系统观点出发，研究全局性的问题，研究综合优化的规律，它是系统工程的基础。系统的整体优化是运筹学系统性的一个重要标志。

一个系统一般由很多子系统组成，运筹学不是对每一个子系统的每一个决策行为孤立地进行评价，而是把相互影响的各方面作为统一体，从总体利益的观点出发，寻找一个优化协作方案。

（2）数学模型化。运筹学是一门以数学为主要工具、寻求各种问题最优方案的学科，所以运筹学是一门研究优化的科学。随着生产管理的规模日益庞大，其间的数量关系也更加复杂，引进数学研究方法对这些数量关系进行研究，是运筹学的一大特点。

（3）跨学科性。由有关的各种专家组成的进行集体研究的运筹小组，综合应用多种学科知识来解决实际问题，是早期军事运筹研究的一个重要特点。这种组织和这种特点在一些地方和一些部门以不同的形式保留下来，这往往是研究和解决实际问题的需要。从世界范围看，运筹学应用的成败及应用的广泛程度，无不与这样的研究组织及其工作水平有关。

（4）实践性。运筹学是一门实践的科学，它完全是面向应用的。离开实践，运筹学就失去了存在意义。运筹学以实际问题为分析对象，通过鉴别问题的性质、系统的目标以及系统内的主要变量之间的关系，运用数学方法达到对系统进行优化的目的。更为重要的是，分析获得的结果要能被实践检验，并被用来指导实际系统运行。在运筹学术界，非常强调运筹学的实用性和对研究结果的执行。

我国管理百科全书将运筹学定义为："是应用分析、试验、量化的方法，对经济管理系统中的人力、物力、财力等资源进行统筹安排，为决策者提供有依据的最优方案，以实现最有效的管理。"从管理实际出发，可以把运筹学看作一种解决实际问题的方法，因此本书命名为"运筹学基础"。

0.3　运筹学的工作步骤

运筹学在解决大量实际问题过程中形成了自己的工作步骤。

（1）提出和形成问题。即要弄清问题的目标、可能的约束、问题的可控变量以及有关参数，搜集有关资料。

（2）建立模型。即把问题中可控变量、参数和目标与约束之间的关系用一定的模型表示出来。

（3）求解。用各种手段（主要是数学方法，也可用其他方法）将模型求解。解可以是最优解、次优解、满意解。复杂模型的求解需用计算机，解的精度要求可由决策者提出。

（4）解的检验。第一，检查求解步骤和程序有无错误；第二，检查解是否反映现实问题。

（5）解的控制。通过控制解的变化过程决定对解是否要作一定的改变。

（6）解的实施。即将解用到实际中必须考虑到实施的问题，如向实际部门讲清解的用法，在实施中可能产生的问题和修改。

以上过程应反复进行。

0.4　运筹学的模型

　　运筹学在解决问题时，按研究对象不同可构造各种不同的模型。模型是研究者对客观现实经过思维抽象后用文字、图表、符号、关系式以及实体模样描述所认识到的客观对象。利用模型可以进行一定预测、灵敏度分析等。模型的有关参数和关系式比较容易改变，这样有助于问题的分析和研究。

　　模型有三种基本形式：①形象模型；②模拟模型；③符号或数学模型。目前用得最多的是符号或数学模型。构造模型是一种创造性劳动，成功的模型往往是科学和艺术的结晶。构模的方法和思路有以下五种：

　　（1）直接分析法。按研究者对问题内在机理的认识直接构造出模型。运筹学中已有不少现存的模型，如线性规划模型、投入产出模型、排队模型、存储模型、决策和对策模型等。这些模型都有很好的求解方法及求解的软件，但用这些现存的模型研究问题时，要注意不能生搬硬套。

　　（2）类比法。有些问题可以用不同方法构造出模型，而这些模型的结构性质是类同的，这就可以互相类比。如物理学中的机械系统、气体动力学系统、水力学系统、热力学系统及电路系统之间就有不少彼此类同的现象。甚至有些经济系统、社会系统也可以用物理系统来类比。在分析一些经济、社会问题时，不同国家之间有时也可以找出某些类比的现象。

　　（3）数据分析法。对有些问题的机理尚未了解清楚，若能搜集到与此问题密切相关的大量数据，或通过某些试验获得大量数据，这就可以用统计分析法建模。

　　（4）试验分析法。当有些问题的机理不清，又不能做大量试验来获得数据，这时只能通过做局部试验的数据加上分析来构造模型。

　　（5）想定（构想）法（Scenario）。当有些问题的机理不清，缺少数据，又不能做试验来获得数据时，例如一些社会、经济、军事问题，人们只能在已有的知识、经验和某些研究的基础上，对于将来可能发生的情况给出逻辑上合理的设想和描述。然后用已有的方法构造模型，并不断修正完善，直至比较令人满意为止。

　　模型的一般数学形式可用下列表达式描述：

目标的评价准则　　　　　　　　$U = f(x_i, y_j, \xi_k)$

约束条件　　　　　　　　　　　$g(x_i, y_j, \xi_k) \geq 0$

其中：x_i——可控变量；

　　　y_j——已知参数；

　　　ξ_k——随机因素。

　　目标的评价准则一般要求达到最佳（最大或最小）、适中、满意等。准则可以是单一的，也可以是多个的。约束条件可以没有，也可以有多个。当 g 是等式时，即为平衡条件。当模型中无随机因素时，称它为确定性模型，否则为随机模型。随机模型的评价准则可用期望值，也可用方差，还可用某种概率分布来表示。当可控变量只取离散值时，称为离散模型，否则称为连续模型。也可按使用的数学工具将模型分为代数方程模型、微分方程模型、概率统计模型、逻辑模型等。若用求解方法来命名时，有直接最优化模型、数字模拟模型、启发式模型。也有按用途来命名的，如分配模型、运输模型、更新模型、排队模型、存储模型等。还可以用研究对象来命名，如能源模型、教育模型、军事对策模型、宏观经济模型等。

0.5 运筹学的分支

运筹学按所解决问题性质的差别，将实际的问题归结为不同类型的数学模型。这些不同类型的数学模型构成了运筹学的各个分支。主要的分支有：

0.5.1 线性规划

经营管理中如何有效地利用现有人力、物力完成更多的任务，或在预定的任务目标下，如何耗用最少的人力、物力去实现。这类统筹规划的问题用数学语言表达，先根据问题要达到的目标选取适当的变量，问题的目标通过用变量的函数形式表示（称为目标函数），对问题的限制条件用有关变量的等式或不等式表达（称为约束条件）。当变量连续取值，且目标函数和约束条件均为线性时，称这类模型为线性规划的模型。有关线性规划问题建模、求解和应用的研究构成了运筹学中的线性规划分支。线性规划由于建模相对简单，有通用算法和计算机软件，是运筹学中应用最为广泛的一个分支。

0.5.2 非线性规划

如线性规划模型中目标函数或约束条件不全是线性的，对这类模型的研究构成非线性规划分支。由于大多工程物理量的表达式是非线性的，因此非线性规划特别在各类工程的优化设计中得到较多应用，是优化设计的有力工具。

0.5.3 动态规划

动态规划是研究多阶段决策过程最优化的运筹学分支。有些经营管理活动由一系列相互关联的阶段组成，在每个阶段依次进行决策，而且上一阶段的输出状态就是下一阶段的输入状态，各阶段决策之间互相关联，因而构成一个多阶段的决策过程。动态规划研究多阶段决策过程的总体优化，即从系统总体出发，要求各阶段决策所构成的决策序列使目标函数值达到最优。

0.5.4 图与网络分析

生产管理中经常遇到工序的衔接问题，设计中经常遇到研究各种管道、线路的通过能力以及仓库、附属设施的布局等问题。运筹学中把一些研究的对象用节点表示，对象之间的联系用连线表示，用点、连线的集合构成图。图论是研究由节点和连线所组成图形的数学理论和方法。图是网络分析的基础，根据研究的具体网络对象（如铁路网、电力网、通信网等），赋予图中各连线某个具体的参数，如时间、流量、费用、距离等，规定图中各节点代表具体网络中任何一种流动的起点、中转点或终点，然后利用图论方法来研究各类网络结构和流量的优化分析。网络分析还包括利用网络图形来描述一项工程中各项作业的进度和结构关系，以便对工程进度进行优化控制。

0.5.5 存储论

存储论是一种研究最优存储策略的理论和方法。如为了保证企业生产的正常进行，需要有一定数量原材料和零部件的储备，以调节供需之间的不平衡。实际问题中，需求量可以是常数，也可以是服从某一分布的随机变量。每次订货需一定费用，提出订货后，货物可以一次到达，也可能分批到达。从提出订货到货物的到达可能是即时的，也可能需要一个周期（订货提前期）。某些情况下允许缺货，有些情况不允许缺货。存储策略研究在不同需求、供货及到达方式等情况下，确定在什么时间点及一次提出多大批量的订货，使用于订购、储存和可能发生短缺的费用的总和为最小。

0.5.6 排队论

生产和生活中存在大量有形和无形的拥挤和排队现象。排队系统由服务机构（服务员）及被服务的对象（顾客）组成。一般顾客的到达及服务员用于对每名顾客的服务时间是随机的，服务员可以是一个或多个，多种情况下又分平行或串联排列。排队按一定规则进行，一般按到达次序先到先服务，但也有享受优先服务的。按系统的顾客容量，可分为等待制、损失制、混合制等。排队论研究顾客不同输入、各类服务时间的分布、不同服务员数及不同排队规则情况下，排队系统的工作性能和状态，为设计新的排队系统及改进现有系统的性能提供数量依据。

0.5.7 对策论

对策论是一类用于研究具有对抗局势的模型。在这类模型中，参与对抗的各方称为局中人，每个局中人均有一组策略可供选择，当各局中人分别采取不同策略时，对应一个各局中人收益或需要支付的函数。在社会、经济、管理等与人类活动有关的系统中，各局中人都按各自的利益和知识进行对策。每个人都力求扩大自己的利益，但无法精确预测其他局中人的行为，取得必要的信息，他们之间还可能玩弄花招，制造假象。对策论为局中人在这种高度不确定和充分竞争的环境中，提供一套完整的、定量化和程序化的选择策略的理论和方法。对策论已应用于对商品、消费者、生产者之间的供求平衡分析、利益集团间的协商和谈判以及军事上各种作战模型的研究等。

0.5.8 决策论

决策是指为最优地达到目标，依据一定准则，对若干备选的行动方案进行的抉择。随着科学技术的发展，生产规模和人类社会活动的扩大，要求用科学的决策替代经验决策。即实行科学的决策程序，采用科学的决策技术和具有科学的思维方法。决策过程一般包括：形成决策问题，包括提出方案，确定目标及效果的度量；确定各方案对应的结局及出现的概率；确定决策泽对不同结局的效用值；综合评价，决定方案的取舍。决策论是对整个决策过程中涉及方案目标选取与度量，概率值确定，效用值计算，一直到最优方案和策略选取的有关科学理论。

0.6　运筹学在管理学中的应用

在介绍运筹学的简史时，已提到了运筹学在早期的应用，主要在军事领域。第二次世界大战后运筹学的应用转向民用，这里只对管理领域的应用给予简述。

（1）市场销售。主要应用在广告预算和媒介的选择、竞争性定价、新产品开发、销售计划的制订等方面。如美国杜邦公司在20世纪50年代起就非常重视将运筹学用于研究如何做好广告工作，产品定价和新产品的引入。通用电力公司对某些市场进行模拟研究。

（2）生产计划。在总体计划方面主要用于总体确定生产、存储和劳动力的配合等计划，以适应波动的需求计划，用线性规划和模拟方法等。如巴基斯坦某一重型制造厂用线性规划安排生产计划，节省10%的生产费用。还可用于生产作业计划、日程表的编排等。此外，还有合理下料、配料问题、物料管理等方面的应用。

（3）库存管理。主要应用于多种物资库存量的管理，确定某些设备的能力或容量，如停车场的大小、新增发电设备的容量大小、电子计算机的内存量、合理的水库容量等。美国某机器制造公司应用存储论后，节省18%的费用。目前国外新动向是将库存理论与计算机的物资管理信息系统相结合。如美国西电公司，从1971年起用5年时间建立了"西电物资管理系统"，使公司节省了大量物资存储费用和运费，而且减少了管理人员。

（4）运输问题。这涉及空运、水运、公路运输、铁路运输、管道运输、厂内运输。空运问题涉及飞行航班和飞行机组人员服务时间安排等。为此在国际运筹学协会中设有航空组，专门研究空运中的运筹学问题。水运有船舶航运计划、港口装卸设备的配置和船到港后的运行安排。公路运输除了汽车调度计划外，还有公路网的设计和分析，市内公共汽车路线的选择和行车时刻表的安排，出租汽车的调度和停车场的设立。铁路运输方面的应用就更多了。

（5）财务和会计。这里涉及预算、贷款、成本分析、定价、投资、证券管理、现金管理等。用得较多的方法是统计分析、数学规划、决策分析，还有盈亏点分析法、价值分析法等。

（6）人事管理。这里涉及六个方面，第一是人员的获得和需求估计；第二是人才的开发，即进行教育和训练；第三是人员的分配，主要是各种指派问题；第四是各类人员的合理利用问题；第五是人才的评价，其中有如何测定一个人对组织、社会的贡献；第六是工资和津贴的确定。

（7）设备维修、更新和可靠性、项目选择和评价。

（8）工程的优化设计。这在建筑、电子、光学、机械和化工等领域都有应用。

（9）城市管理。这里有各种紧急服务系统的设计和运用，如救火站、救护车、警车等分布点的设立。美国曾用排队论方法来确定纽约市紧急电话站的值班人数。加拿大曾研究一城市的警车的配置和负责范围，出事故后警车应走的路线等。还有城市垃圾的清扫、搬运和处理；城市供水和污水处理系统的规划……

我国从 1957 年开始把运筹学应用于交通运输、工业、农业、水利建设、邮电等行业，尤其是在运输方面，从物资调运、装卸到调度等。在粮食部门，为解决粮食合理调运问题，提出了"图上作业法"。我国的运筹学工作者从理论上证明了它的科学性。在解决邮递员合理投递路线时，管梅谷提出了国外称之为"中国邮路问题"的解法。在工业生产中推广了合理下料、机床负荷分配。在纺织业中曾用排队论方法解决细纱车间劳动组织、最优折布长度等问题。在农业中研究了作业布局、劳力分配和麦场设置等。从 20 世纪 60 年代起我国的运筹学工作者在钢铁和石油部门开展较全面的和深入的应用；投入产出法在钢铁部门首先得到应用。从 1965 年起，统筹法的应用在建筑业、大型设备维修计划等方面取得可喜的进展。从 1970 年起，在全国大部分省、市和部门推广优选法，其应用范围有配方、配比的选择、生产工艺条件的选择、工艺参数的确定、工程设计参数的选择、仪器仪表的调试等。从 20 世纪 70 年代中期起，排队论开始应用于研究矿山、港口、电讯和计算机的设计等方面。图论曾用于线路布置和计算机的设计、化学物品的存放等。存储论在我国应用较晚，20 世纪 70 年代末在汽车工业和其他部门取得成功。近年来运筹学的应用已趋向研究规模大和复杂的问题，如部门计划、区域经济规划等；并已与系统工程难以分解。

综上所述，运筹学在管理学中的应用前景非常广阔，但还有大量的工作需要我们继续深入研究。本书的目的就是要在管理学科与运筹学之间架起一座桥梁，帮助实际的管理决策者进一步了解运筹学，告诉他们如何在实际工作中使用运筹学更好地进行决策，创造更好的效益。

1 线性规划

线性规划是运筹学的一个重要分支。自 1947 年丹捷格（G. B. Dantzig）提出了一般线性规划问题求解的方法——单纯形法之后，线性规划在理论上趋向成熟，在实际运用中日益广泛与深入。特别是在电子计算机能处理成千上万个约束条件和决策变量的线性规划问题之后，线性规划的适用领域更为广泛了。从解决技术问题的最优化设计到工业、农业、商业、交通运输业、军事、经济计划和管理决策等领域都可以发挥作用。它已是现代科学管理的重要手段之一。查恩斯（A. Charnes）与库伯（W. W. Cooper）继丹捷格之后，于 1961 年提出了目标规划，艾吉利（Y. Ijiri）提出了用优先因子来处理多目标问题，使目标规划得到发展。近十年来，斯·姆·李（S. M. Lee）与杰斯开莱尼（V. Jaaskelainen）应用计算机处理目标规划问题，使目标规划在实际应用方面比线性规划更广泛，更为管理者所重视。

1.1 线性规划及其数学模型

在生产管理和经营活动中经常提出一类问题，即如何合理地利用有限的人力、物力、财力等资源，来得到最好的经济效果。

【例 1-1】某工厂在计划期内要安排生产Ⅰ、Ⅱ两种产品，已知生产单位产品所需的设备台时及 A、B 两种原材料的消耗，如表 1-1 所示。

表 1-1

	Ⅰ产品	Ⅱ产品	
设备	1	2	8 台时
原料 A	4	0	16 千克
原料 B	0	4	12 千克

该工厂每生产一件产品Ⅰ可获利 2 元，每生产一件产品Ⅱ可获利 3 元，问应如何安排计划使该工厂获利最多？这问题可以用以下的数学模型来描述，设 x_1、x_2 分别表示在计划期内产品Ⅰ、Ⅱ的产量。因为设备的有效台时是 8，这是一个限制产量的条件，所以在确定产品Ⅰ、Ⅱ的产量时，要考虑不超过设备的有效台时数，即可用不等式表示为：

$$x_1 + 2x_2 \leqslant 8$$

同理，因原材料 A、B 的限量，可以得到以下不等式：

$$4x_1 \leq 16$$
$$4x_2 \leq 12$$

该工厂的目标是在不超过所有资源限量的条件下，如何确定产量 x_1、x_2 以得到最大的利润。若用 z 表示利润，这时 $z = 2x_1 + 3x_2$。综合上述，该计划问题可用数学模型表示为：

目标函数　　　　　　$\max z = 2x_1 + 3x_2$

满足约束条件　　$\begin{cases} x_1 + 2x_2 \leq 8 \\ 4x_1 \leq 16 \\ 4x_2 \leq 12 \\ x_1, \; x_2 \geq 0 \end{cases}$

【例1-2】靠近某河流有两个化工厂（见图1-1），流经第一化工厂的河流流量为每天 500 万立方米，在两个工厂之间有一条流量为每天 200 万立方米的支流。第一化工厂每天排放含有某种有害物质的工业污水 2 万立方米，第二化工厂每天排放这种工业污水 1.4 万立方米。从第一化工厂排出的工业污水流到第二化工厂以前，有 20% 的污水可自然净化。根据环保要求，河流中工业污水的含量应不大于 0.2%。这两个工厂都需各自处理一部分工业污水。第一化工厂处理工业污水的成本是 1000 元/万立方米，第二化工厂处理工业污水的成本是 800 元/万立方米。问在满足环保要求的条件下，每厂各应处理多少工业污水才能使这两个工厂总的处理工业污水费用最小？

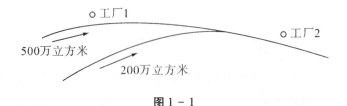

图 1-1

这个问题可用数学模型来描述。设第一化工厂每天处理工业污水量为 x_1 万立方米，第二化工厂每天处理工业污水量为 x_2 万立方米。从第一化工厂到第二化工厂之间，河流中工业污水含量要不大于 0.2%，由此可得近似关系式 $(2 - x_1)/500 \leq 2/1000$。

流经第二化工厂后，河流中的工业污水量仍要不大于 0.2%，这时有近似关系式：

$$[0.8(2 - x_1) + (1.4 - x_2)]/700 \leq 2/1000$$

由于每个工厂每天处理的工业污水量不会大于每天的排放量，故有 $x_1 \leq 2$；$x_2 \leq 1.4$。这问题的目标是要求两厂用于处理工业污水的总费用最小，即 $z = 1000x_1 + 800x_2$。综合上述，这个环保问题可用数学模型表示为：

目标函数　　　　　　$\min z = 1000x_1 + 800x_2$

满足约束条件
$$\begin{cases} x_1 \geqslant 1 \\ 0.8x_1 + x_2 \geqslant 1.6 \\ x_1 \leqslant 2 \\ x_2 \leqslant 1.4 \\ x_1,\ x_2 \geqslant 0 \end{cases}$$

从以上两例可以看出，它们都是属于一类优化问题。它们的共同特征有以下三点：

(1) 每一个问题都用一组决策变量$(x_1,\ x_2,\ \cdots,\ x_n)$表示某一方案，这组决策变量的值就代表一个具体方案。一般这些变量取值是非负且连续的。

(2) 存在一定的约束条件，这些约束条件可以用一组线性等式或线性不等式来表示。

(3) 都有一个要求达到的目标，它可用决策变量的线性函数(称为目标函数)来表示。

按问题的不同，要求目标函数实现最大化或最小化。

满足以上三个条件的数学模型称为线性规划的数学模型。其一般形式为：

目标函数 $\qquad \max(\min)z = c_1x_1 + c_2x_2 + \cdots + c_nx_n \qquad (1-1)$

满足约束条件
$$\begin{cases} a_{11}x_1 + a_{12}x_2 + \cdots + a_{1n}x_n \leqslant (=,\ \geqslant)b_1 \\ a_{21}x_1 + a_{22}x_2 + \cdots + a_{2n}x_n \leqslant (=,\ \geqslant)b_2 \\ \qquad\qquad\qquad \cdots \\ a_{m1}x_1 + a_{m2}x_2 + \cdots + a_{mn}x_n \leqslant (=,\ \geqslant)b_m \end{cases} \qquad (1-2)$$
$$x_1,\ x_2,\ \cdots,\ x_n \geqslant 0 \qquad\qquad\qquad\qquad (1-3)$$

在线性规划的数学模型中，式(1-1)称为目标函数；式(1-2)、式(1-3)称为约束条件；式(1-3)也称为变量的非负约束条件。

1.2　两变量线性规划的图解法

图解法简单直观，有助于了解线性规划问题求解的基本原理。现对上述例1-1用图解法求解。在以x_1、x_2为坐标轴的直角坐标系中，非负条件x_1、$x_2 \geqslant 0$是指第一象限。例1-1的每个约束条件都代表一个半平面。如约束条件$x_1 + 2x_2 \leqslant 8$是代表以直线$x_1 + 2x_2 = 8$为边界的左下方的半平面，若同时满足x_1、$x_2 \geqslant 0$，$x_1 + 2x_2 \leqslant 8$，$4x_1 \leqslant 16$和$4x_2 \leqslant 12$的约束条件的点，必然落在x_1、x_2坐标轴和由这三个半平面交成的区域内。由例1-1的所有约束条件为半平面交成的区域见图1-2中的阴影部分。阴影区域中的每一个点(包括边界点)都是这个线性规划问题的解(称可行解)，因而此区域是例1-1的线性规划问题的解集合，称它为可行域。

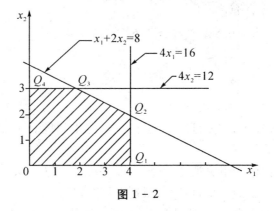

图 1 - 2

再分析目标函数 $z = 2x_1 + 3x_2$，在这坐标平面上，它可表示以 z 为参数、$-2/3$ 为斜率的一组平行线：

$$x_2 = -(2/3)x_1 + z/3$$

位于同一直线上的点，具有相同的目标函数值，因而称它为"等值线"。当 z 值由小变大时，直线 $x_2 = -(2/3)x_1 + z/3$ 沿其法线方向向右上方移动。当移动到 Q_2 点时，z 值在可行域边界上实现最大化(见图 1 - 3)，这就得到了例 1 - 1 的最优解 Q_2，Q_2 点的坐标为(4，2)。于是可计算出满足所有约束条件下的最大值 $z = 14$。

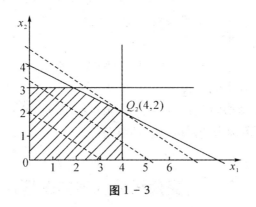

图 1 - 3

这说明该厂的最优生产计划方案是：生产 4 件产品 Ⅰ，生产 2 件产品 Ⅱ，可得最大利润为 14 元。

上例中求解得到问题的最优解是唯一的，但对一般线性规划问题，求解结果还可能出现以下几种情况：

1.2.1 无穷多最优解(多重最优解)

若将例 1 - 1 中的目标函数变为求 $\max z = 2x_1 + 4x_2$，则表示目标函数(参数 z)中的这组平行直线与约束条件 $x_1 + 2x_2 \leqslant 8$ 的边界线平行。当 z 值由小变大时，将与线段 Q_2Q_3 重合(见图 1 - 4)。线段 Q_2Q_3 上任意一点都能使 z 取得相同的最大值，这个线性规划问题有无穷多最优解(多重最优解)。

1.2.2 无界解

对下述线性规划问题用图解法求解结果见图 $1-5$。从图 $1-5$ 中可以看到，该问题可行域无界，目标函数值可以增大到无穷大。所以，称这种情况为无界解。

$$\max z = x_1 + x_2$$

$$\begin{cases} -2x_1 + x_2 \leqslant 4 \\ \quad x_1 - x_2 \leqslant 2 \\ \quad x_1, \ x_2 \geqslant 0 \end{cases}$$

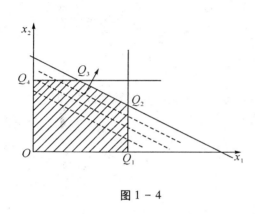

图 $1-4$

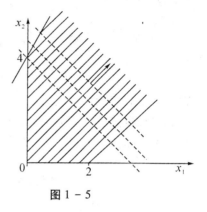

图 $1-5$

1.2.3 无可行解

如果在例 $1-1$ 的数学模型中增加一个约束条件 $-2x_1 + x_2 \geqslant 4$，该问题的可行域为空集，即无可行解，也不存在最优解。

当求解结果出现无界解和无可行解两种情况时，一般说明线性规划问题的数学模型有错误。前者缺乏必要的约束条件，后者是有矛盾的约束条件，建模时应注意。

从图解法中直观地见到，当线性规划问题的可行域非空时，它是有界或无界凸多边形。若线性规划问题存在最优解，它一定在有界可行域的某个顶点得到；若在两个顶点同时得到最优解，则它们连线上的任意一点都是最优解，即有无穷多最优解。

图解法虽然直观、简便，但当变量数多于三个以上时，它就无能为力了。所以在本章 1.5 节中要介绍一种代数法 —— 单纯形法。为了便于讨论，先规定线性规划问题的数学模型的标准形式。

1.3　线性规划问题的标准形式

由前节可知，线性规划问题有各种不同的形式。目标函数有的要求 max，有的要求 min；约束条件可以是"≤"，也可以是"≥"形式的不等式，还可以是等式。决策变量一般是非负约束，但也允许在 $(-\infty, \infty)$ 范围内取值，即无约束。如果将这些多种形式的数学模型统一变换为标准形式，则标准形式为：

(M_1) $\max z = c_1 x_1 + c_2 x_2 + \cdots + c_n x_n$

$$
\begin{cases}
a_{11} x_1 + a_{12} x_2 + \cdots + a_{1n} x_n = b_1 \\
a_{21} x_1 + a_{22} x_2 + \cdots + a_{2n} x_n = b_2 \\
\qquad\qquad\qquad \cdots \\
a_{m1} x_1 + a_{m2} x_2 + \cdots + a_{mn} x_n = b_m \\
x_1, \ x_2, \ \cdots, \ x_n \geq 0
\end{cases}
$$

(M'_1) $\max z = \sum\limits_{j=1}^{n} c_j x_j$

$$
\begin{cases}
\sum\limits_{j=1}^{n} a_{ij} x_j = b_i, \ i = 1, \ 2, \ \cdots, \ m \\
x_j \geq 0, \ j = 1, \ 2, \ \cdots, \ n
\end{cases}
$$

在标准形式中规定各约束条件的右端项 $b_i \geq 0$，否则等式两端乘以"-1"。

用向量和矩阵符号表述时为：

(M''_1) $\max z = CX$

$$
\begin{cases}
\sum\limits_{j=1}^{n} P_j x_j = b \\
x_j \geq 0, \ j = 1, \ 2, \ \cdots, \ n
\end{cases}
$$

其中：$C = (c_1, \ c_2, \ \cdots, \ c_n)$

$$
X = \begin{bmatrix} x_1 \\ x_2 \\ \vdots \\ x_n \end{bmatrix}; \ P_j = \begin{bmatrix} a_{1j} \\ a_{2j} \\ \vdots \\ a_{mj} \end{bmatrix}; \ b = \begin{bmatrix} b_1 \\ b_2 \\ \vdots \\ b_m \end{bmatrix}
$$

向量 P_j 对应的决策变量是 x_j。

用矩阵描述时为：

$$
\max z = CX
$$
$$
AX = b
$$
$$
X \geq 0
$$

其中

$$
A = \begin{bmatrix} a_{11} & a_{12} & \cdots & a_{1n} \\ \vdots & \vdots & \vdots & \vdots \\ a_{m1} & a_{m2} & \cdots & a_{mn} \end{bmatrix} = (P_1, \ P_2, \ \cdots, \ P_n); \ 0 = \begin{bmatrix} 0 \\ 0 \\ \vdots \\ 0 \end{bmatrix}
$$

A——约束条件的 $m \times n$ 维系数矩阵，一般 $m < n$；

b——资源向量；

C——价值向量；

X—— 决策变量向量。

实际碰到各种线性规划问题的数学模型都应变换为标准形式后求解。

以下讨论如何变换为标准形式的问题。

(1) 若要求目标函数实现最小化，即 $\min z = CX$。这时只需将目标函数最小化变换求目标函数最大化，即令 $z' = -z$，于是得到 $\max z' = -CX$。这就同标准型的目标函数的形式一致了。

(2) 约束方程为不等式。这里有两种情况：一种是约束方程为"$\leqslant$"不等式，则可在"$\leqslant$"不等式的左端加入非负松弛变量，把原"$\leqslant$"不等式变为等式；另一种是约束方程为"$\geqslant$"不等式，则可在"$\geqslant$"不等式的左端减去一个非负剩余变量（也可称松弛变量），把不等式约束条件变为等式约束条件。下面举例说明。

【例 1 - 3】 将例 1 - 1 的数学模型化为标准形式。

例 1 - 1 的数学模型（简称模型 M_2）为：

$$\max z = 2x_1 + 3x_2$$

$$\begin{cases} x_1 + 2x_2 \leqslant 8 \\ 4x_1 \leqslant 16 \\ 4x_2 \leqslant 12 \\ x_1, \ x_2 \geqslant 0 \end{cases}$$

在各不等式中分别加上一个松弛变量 x_3、x_4、x_5，使不等式变为等式。这时得到标准形式：

$$\max z = 2x_1 + 3x_2 + 0x_3 + 0x_4 + 0x_5$$

$$\begin{cases} x_1 + 2x_2 + x_3 = 8 \\ 4x_1 + x_4 = 16 \\ 4x_2 + x_5 = 12 \\ x_1, \ x_2, \ x_3, \ x_4, \ x_5 \geqslant 0 \end{cases}$$

所加松弛变量 x_3、x_4、x_5 表示没有被利用的资源，当然也没有利润，在目标函数中其系数应为零，即 $c_3 = c_4 = c_5 = 0$。

(3) 若存在取值无约束的变量 x_k，可令 $x_k = x'_k - x''_k$，其中 x'_k，$x''_k \geqslant 0$。

以上讨论说明，任何形式的数学模型都可化为标准形式，下面举例说明。

【例 1 - 4】 将下述线性规划问题化为标准形式。

$$\min z = -x_1 + 2x_2 - 3x_3$$

$$\begin{cases} x_1 + x_2 + x_3 \leqslant 7 \\ x_1 - x_2 + x_3 \geqslant 2 \\ -3x_1 + x_2 + 2x_3 = 5 \\ x_1, \ x_2 \geqslant 0, \ x_3 \ 为无约束 \end{cases}$$

解题步骤：

(1) 用 $x_4 - x_5$ 替换 x_3，其中 x_4，$x_5 \geqslant 0$；

（2）在第一个约束不等式"≤"的左端加入松弛变量 x_6；

（3）在第二个约束不等式"≥"的左端减去剩余变量 x_7；

（4）令 $z' = -z$，把求 $\min z$ 改为求 $\max z'$，即可得到该问题的标准形式。

$$\max z' = x_1 - 2x_2 + 3(x_4 - x_5) + 0x_6 + 0x_7$$

$$\begin{cases} x_1 + x_2 + (x_4 - x_5) + x_6 = 7 \\ x_1 - x_2 + (x_4 - x_5) - x_7 = 2 \\ -3x_1 + x_2 + 2(x_4 - x_5) = 5 \\ x_1,\ x_2,\ x_4,\ x_5,\ x_6,\ x_7 \geqslant 0 \end{cases}$$

1.4　标准形式线性规划问题的解

在讨论线性规划问题的求解前，先要了解线性规划问题的解的概念。由 1.3 节的 (M_1) 可知，一般线性规划问题的标准形式为：

$$\max z = \sum_{j=1}^{n} c_j x_j \tag{1-4}$$

$$\begin{cases} \sum_{j=1}^{n} a_{ij} x_j = b_i,\ i = 1,\ 2,\ \cdots,\ m & (1-5) \\ x_j \geqslant 0,\ j = 1,\ 2,\ \cdots,\ n & (1-6) \end{cases}$$

1.4.1　可行解

满足约束条件式（1-5）、式（1-6）的解 $X = (x_1,\ x_2,\ \cdots,\ x_n)^T$，称为线性规划问题的可行解，其中使目标函数达到最大值的可行解称为最优解。

1.4.2　基

设 A 是约束方程组的 $m \times n$ 维系数矩阵，其秩为 m。B 是矩阵 A 中 $m \times m$ 阶非奇异子矩阵（$|B| \neq 0$），则称 B 是线性规划问题的一个基。这就是说，矩阵 B 由 m 个线性独立的列向量组成。为不失一般性，可设：

$$B = \begin{bmatrix} a_{11} & a_{12} & \cdots & a_{1m} \\ \vdots & \vdots & \vdots & \vdots \\ a_{m1} & a_{m2} & \cdots & a_{mm} \end{bmatrix} = (P_1,\ P_2,\ \cdots,\ P_m)$$

称 $P_j (j = 1,\ 2,\ \cdots,\ m)$ 为基向量，与基向量 P_j 相应的变量 $x_j (j = 1,\ 2,\ \cdots,\ m)$ 为基变量，否则称为非基变量。为了进一步讨论线性规划问题的解，下面研究约束方程组式（1-5）的求解问题。假设该方程组系数矩阵 A 的秩为 m，因 $m < n$，故它有无穷多个解。假设前 m 个变量的系数列向量是线性独立的，这时式（1-5）可写成：

$$\begin{bmatrix} a_{11} \\ a_{21} \\ \vdots \\ a_{m1} \end{bmatrix} x_1 + \begin{bmatrix} a_{12} \\ a_{22} \\ \vdots \\ a_{m2} \end{bmatrix} x_2 + \cdots + \begin{bmatrix} a_{1m} \\ a_{2m} \\ \vdots \\ a_{mm} \end{bmatrix} x_m = \begin{bmatrix} b_1 \\ b_2 \\ \vdots \\ b_m \end{bmatrix} - \begin{bmatrix} a_{1,\,m+1} \\ a_{2,\,m+1} \\ \vdots \\ a_{m,\,m+1} \end{bmatrix} x_{m+1} - \cdots - \begin{bmatrix} a_{1n} \\ a_{2n} \\ \vdots \\ a_{mn} \end{bmatrix} x_n$$

$$(1-7)$$

或

$$\sum_{j=1}^{m} P_j x_j = b - \sum_{j=M+1}^{n} P_j x_j$$

方程组（1－7）的一个基是：

$$B = \begin{bmatrix} a_{11} & a_{12} & \cdots & a_{1m} \\ \vdots & \vdots & \vdots & \vdots \\ a_{m1} & a_{m2} & \cdots & a_{mm} \end{bmatrix} = (P_j,\ P_2,\ \cdots,\ P_m)$$

设 X_B 是对应于这个基的基变量：

$$X_B = (x_1,\ x_2,\ \cdots,\ x_m)^T$$

现若令方程组（1－7）的非基变量 $x_{m+1} = x_{m+2} = \cdots = x_n = 0$，这时变量的个数等于线性方程的个数。用高斯消去法，求出一个解：

$$X = (x_1,\ x_2,\ \cdots,\ x_m,\ 0,\ \cdots,\ 0)^T$$

该解的非零分量的数目不大于方程个数 m，称 X 为基解。由此可见，有一个基，就可以求出一个基解。如图 1－2 中的点 0、Q_1、Q_2、Q_3、Q_4 以及延长各条线（包括 $x_1 = 0$，$x_2 = 0$）的交点都代表基解。

1.4.3　基可行解

满足非负条件的基解（见图 1－6），称为基可行解。图 1－2 中的点 0、Q_1、Q_2、Q_3、Q_4 代表基可行解。可见，基可行解的非零分量的数目也不大于 m，并且都是非负的。

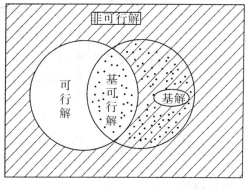

图 1－6

1.4.4　可行基

对应于基可行解的基，称为可行基。约束方程组(1 - 5)具有基解的数目最多是 C_n^m 个。一般基可行解的数目要小于基解的数目。以上提到的几种解的概念，它们之间的关系可用图 1 - 6 表明。另外还要说明一点，基解中的非零分量的个数小于 m 个时，该基解是退化解。在以下讨论时，假设不出现退化的情况，以上给出的线性规划问题的解的概念和定义将有助于用来分析线性规划问题的求解过程。

1.5　单纯形法的原理

单纯形法求解线性规划的思路：一般线性规划问题具有线性方程组的变量数大于方程个数，这时有不定的解。但可以从线性方程组中找出一个一个的单纯形，每一个单纯形可以求得一组解，然后再判断该解使目标函数值是增大还是变小，来决定下一步选择的单纯形。这就是迭代，直到目标函数实现最大值或最小值为止。

注意：单纯形是指零维中的点，一维中的线段，二维中的三角形，三维中的四面体，n 维空间中的有 $n + 1$ 个顶点的多面体。例如在三维空间中的四面体，其顶点分别为 $(0, 0, 0)$，$(1, 0, 0)$，$(0, 1, 0)$，$(0, 0, 1)$。具有单位截距的单纯形的方程是 $\sum x_i \leqslant 1$，并且 $x_i \geqslant 0$，$i = 1, 2, \cdots, m$。这样问题就得到了最优解。先举一例来说明。

【例 1 - 5】试以例 1 - 1 来讨论如何用单纯形法求解。例 1 - 1 的标准形式为

$$\max z = 2x_1 + 3x_2 + 0x_3 + 0x_4 + 0x_5 \tag{1 - 8}$$

$$\begin{cases} x_1 + 2x_2 + x_3 = 8 \\ 4x_1 + x_4 = 16 \\ 4x_2 + x_5 = 12 \end{cases} \tag{1 - 9}$$

$$x_1, \ x_2, \ x_3, \ x_4, \ x_5 \geqslant 0$$

约束方程式(1 - 9)的系数矩阵

$$A = (P_1, \ P_2, \ P_3, \ P_4, \ P_5) = \begin{bmatrix} 1 & 2 & 1 & 0 & 0 \\ 4 & 0 & 0 & 1 & 0 \\ 0 & 4 & 0 & 0 & 1 \end{bmatrix}$$

从式(1 - 9)中可以看到 x_3，x_4，x_5 的系数列向量

$$P_3 = \begin{bmatrix} 1 \\ 0 \\ 0 \end{bmatrix}, \ P_4 = \begin{bmatrix} 0 \\ 1 \\ 0 \end{bmatrix}, \ P_5 = \begin{bmatrix} 0 \\ 0 \\ 1 \end{bmatrix}$$

是线性独立的，这些向量构成一个基

$$B = (P_3, \ P_4, \ P_5) = \begin{bmatrix} 1 & 0 & 0 \\ 0 & 1 & 0 \\ 0 & 0 & 1 \end{bmatrix}$$

对应于 B 的变量 x_3、x_4、x_5 为基变量，从式(1-9)中可以得到

$$\begin{cases} x_3 = 8 - x_1 - 2x_2 \\ x_4 = 16 - 4x_1 \\ x_5 = 12 - 4x_2 \end{cases} \qquad (1-10)$$

将式(1-10)代入目标函数式(1-8)得到

$$z = 0 + 2x_1 + 3x_2 \qquad (1-11)$$

当令非基变量 $x_1 = x_2 = 0$，便得到 $z = 0$。这时得到一个基可行解 $X^{(0)}$

$$X^{(0)} = (0,\ 0,\ 8,\ 16,\ 12)^T$$

这个基可行解表示：工厂没有安排生产产品 I、II；资源都没有被利用，所以工厂的利润指标 $z = 0$。

从分析目标函数的表达式(1-11)可以看到：非基变量 x_1、x_2（即没有安排生产产品 I、II）的系数都是正数，因此将非基变量变换为基变量，目标函数的值就可能增大。从经济意义上讲，安排生产产品 I 或 II，就可以使工厂的利润指标增加。所以只要在目标函数(1-11)的表达式中还存在有正系数的非基变量，这表示目标函数值还有增加的可能，就需要将非基变量与基变量进行对换。一般选择正系数最大的那个非基变量 x_2 为进基变量，将它换入到基变量中去，同时还要确定基变量中有一个要换出来成为非基变量，可按以下方法来确定离基变量。

现分析式(1-10)，当将 x_2 定为进基变量后，必须从 x_3、x_4、x_5 中确定一个离基变量，并保证其余的都是非负，即 x_3，x_4，$x_5 \geqslant 0$。

当 $x_1 = 0$，由式(1-10)得到

$$\begin{cases} x_3 = 8 - 2x_2 \geqslant 0 \\ x_4 = 16 \geqslant 0 \\ x_5 = 12 - 4x_2 \geqslant 0 \end{cases} \qquad (1-12)$$

从式(1-12)中可以看出，只有选择

$$x_2 = \min(8/2,\ -,\ 12/4) = 3$$

时，才能使式(1-12)成立。因当 $x_2 = 3$ 时，基变量 $x_5 = 0$，这就决定用 x_2 去替换 x_5。以上数学描述说明了每生产一件产品 II，需要用掉各种资源数为(2, 0, 4)。由这些资源中的薄弱环节，就确定了产品 II 的产量。由原材料 B 的数量确定了产品 II 的产量 $x_2 = 12/4 = 3$ 件。

为了求得以 x_3、x_4、x_2 为基变量的一个基可行解和进一步分析问题，需将式(1-10)中 x_2 的位置与 x_5 的位置对换。得到

$$\begin{array}{ll} x_3 + 2x_2 = 8 - x_1 & \text{①} \\ x_4 = 16 - 4x_1 & \text{②} \\ x_2 = 12 - x_5 & \text{③} \end{array} \qquad (1-13)$$

用高斯消去法，将式(1-13)中 x_2 的系数列向量变换为单位列向量。其运算步骤是：

③′ = ③/4；①′ = ① - 2×③′；②′ = ②，并将结果仍按原顺序排列有：

$$x_3 = 2 - x_1 + \frac{1}{2}x_5 \qquad \textcircled{1}'$$

$$x_4 = 16 - 4x_1 \qquad \textcircled{2}' \qquad\qquad (1-14)$$

$$x_2 = 3 - \frac{1}{4}x_5 \qquad \textcircled{3}'$$

再将式(1 – 14)代入目标函数式(1 – 8)得到

$$z = 9 + 2x_1 - \frac{3}{4}x_5 \qquad\qquad (1-15)$$

令非基变量 $x_1 = x_5 = 0$，得到 $z = 9$，并得到另一个基可行解 $X^{(1)}$

$$X^{(1)} = (0,\ 3,\ 2,\ 16,\ 0)^T$$

从目标函数的表达式(1 – 18)中可以看到，非基变量 x_1 的系数是正的，说明目标函数值还可以增大，$X^{(1)}$ 不一定是最优解。于是再用上述方法，确定进基、离基变量，继续迭代，再得到另一个基可行解 $X^{(2)}$

$$X^{(2)} = (2,\ 3,\ 0,\ 8,\ 0)^T$$

再经过一次迭代，再得到一个基可行解 $X^{(3)}$

$$X^{(3)} = (4,\ 2,\ 0,\ 0,\ 4)^T$$

而这时得到目标函数的表达式是：

$$z = 14 - 1.5x_3 - 0.125x_4 \qquad\qquad (1-16)$$

再检查式(1 – 16)，可见到所有非基变量 x_3、x_4 的系数都是负数。这说明若要用剩余资源 x_3、x_4，就必须支付附加费用。所以当 $x_3 = x_4 = 0$ 时，即不再利用这些资源时，目标函数达到最大值。所以 $X^{(3)}$ 是最优解，即当产品 Ⅰ 生产4件，产品 Ⅱ 生产2件，工厂才能得到最大利润。通过上例，可以了解利用单纯形法求解线性规划问题的思路。下面讨论一般线性规划问题的求解。

1.5.1　初始基可行解的确定

为了确定初始基可行解，要先找出初始可行基，其方法如下。

（1）若线性规划问题

$$\max z = c_j x_j \qquad\qquad (1-17)$$

$$\sum_{j=1}^{n} P_j x_j = b \qquad\qquad (1-18)$$

$$x_j \geqslant 0,\ j = 1,\ 2,\ \cdots,\ n$$

从 $P_j(j = 1,\ 2,\ \cdots,\ n)$ 中一般能直接观察到存在一个初始可行基

$$B = (P_j,\ P_2,\ \cdots,\ P_m) = \begin{bmatrix} 1 & 0 & \cdots & 0 \\ 0 & 1 & \cdots & 0 \\ 0 & 0 & \cdots & 0 \\ 0 & 0 & \cdots & 1 \end{bmatrix}$$

（2）对所有约束条件是"≤"形式的不等式，可以利用化为标准形式的方法，在每个约束条件的左端加上一个松弛变量。经过整理，重新对 x_j 及 $a_{ij}(i = 1,\ 2,\ \cdots,\ m;\ j =$

$1, 2, \cdots, n$）进行编号，则可得下列方程组

$$\begin{cases} x_1 + a_{1,m+1}x_{m+1} + \cdots + a_{1n}x_n = b_1 \\ x_2 + a_{2,m+1}x_{m+1} + \cdots + a_{2n}x_n = b_2 \\ \qquad\qquad\qquad \cdots \\ x_m + a_{m,m+1}x_{m+1} + \cdots + a_{mn}x_n = b_m \\ x_j \geq 0, \; j = 1, 2, \cdots, n \end{cases} \qquad (1-19)$$

显然得到一个 $m \times m$ 单位矩阵

$$B = (P_j, P_2, \cdots, P_m) = \begin{bmatrix} 1 & 0 & \cdots & 0 \\ 0 & 1 & \cdots & 0 \\ 0 & 0 & \cdots & 0 \\ 0 & 0 & \cdots & 1 \end{bmatrix}$$

以 B 作为可行基，将式（1 – 19）每个等式移项得

$$\begin{cases} x_1 = b_1 - a_{1,m+1}x_{m+1} - \cdots - a_{1n}x_n \\ x_2 = b_2 - a_{2,m+1}x_{m+1} - \cdots - a_{2n}x_n \\ \cdots \\ x_m = b_m - a_{m,m+1}x_{m+1} - \cdots - a_{mn}x_n \end{cases} \qquad (1-20)$$

令 $x_{m+1} = x_{m+1} = \cdots = x_n = 0$，由式（1 – 20）可得

$$x_i = b_i (i = 1, 2, \cdots, m)$$

又因 $b_i \geq 0$，所以得到一个初始基可行解

$$\begin{aligned} X &= (x_1, x_2, \cdots, x_m, 0, \cdots, 0)^T \\ &= (b_1, b_2, \cdots, b_m, 0, \cdots, 0)^T \end{aligned}$$

（3）对所有约束条件是"$\geq$"形式的不等式及等式的约束情况，若不存在单位矩阵时，就采用人造基方法。即对不等式约束减去一个非负的剩余变量后，再加上一个非负的人工变量；对于等式约束再加上一个非负的人工变量，总能得到一个单位矩阵。关于这个方法将在本章第 7 节中进一步讨论。

1.5.2　最优性检验与解的判别

对线性规划问题的求解结果可能出现唯一最优解、无穷多最优解、无界解和无可行解四种情况，为此需要建立对解的判别准则。一般情况下，经过迭代后式（1 – 20）变成

$$x'_i = b'_i - \sum_{j=m+1}^{n} a'_{ij}x_j, \; (i = 1, 2, \cdots, m) \qquad (1-21)$$

将式（1 – 21）代入目标函数式（1 – 17），整理后得

$$z = \sum_{i=1}^{m} c_i b'_i + \sum_{j=m+1}^{n} \left[c_j - \sum_{i=1}^{m} c_i a'_{ij} \right] x_j \qquad (1-22)$$

令

$$z_0 = \sum_{i=1}^{m} c_i b'_i, \; z_j = \sum_{i=1}^{m} c_i ai'_j, \; j = m+1, \cdots, n$$

于是

$$z = z_0 + \sum_{j=m+1}^{n} (c_j - z_j) x_j \quad (1-23)$$

再令

$$\sigma_j = c_j - z_j (j = m+1, \cdots, n)$$

则

$$z = z_0 + \sum_{j=m+1}^{n} \sigma_j x_j \qquad (1-24)$$

1.5.2.1 最优解的判别定理

若 $X^{(0)} = (b'_1, b'_2, \cdots, b'_m, 0, \cdots, 0)^T$ 为对应于基 B 的一个基可行解，且对于一切 $j = m+1, \cdots, n$，有 $\sigma_j \leqslant 0$，则 $X^{(0)}$ 为最优解，称 σ_j 为检验数。

1.5.2.2 无穷多最优解判别定理

若 $X^{(0)} = (b'_1, b'_2, \cdots, b'_m, 0, \cdots, 0)^T$ 为一个基可行解，对于一切 $j = m+1, \cdots, n$，有 $\sigma_j \leqslant 0$，又存在某个非基变量的检验数 $\sigma_{m+k} = 0$，则线性规划问题有无穷多最优解。

1.5.2.3 无界解判别定理

若 $X^{(0)} = (b'_1, b'_2, \cdots, b'_m, 0, \cdots, 0)^T$ 为一基可行解，有一个 $\sigma_{m+k} > 0$，并且对 $i = 1, 2, \cdots, m$，有 $a_{i, m+k} \leqslant 0$，那么该线性规划问题具有无界解(或称无最优解)。

以上讨论都是针对标准型，即求目标函数极大化时的情况。当求目标函数极小化时，一种情况如前所述，将其化为标准型。如果不化为标准型，只需在上述第1点和第2点中把 $\sigma_j \leqslant 0$ 改为 $\sigma_j \geqslant 0$，第3点中将 $\sigma_{m+k} > 0$ 改写为 $\sigma_{m+k} < 0$ 即可。

1.5.3 基变换

若初始基可行解 $X^{(0)}$ 不是最优解以及不能判别无界时，需要找一个新的基可行解。具体做法是从原可行解基中换一个列向量(当然要保证线性独立)，得到一个新的可行基，这称为基变换。为了换基，先要确定进基变量，再确定离基变量，让它们相应的系数列向量进行对换，就得到一个新的基可行解。

1.5.3.1 进基变量的确定

从最优解判别定理知道，当某个 $\sigma_j > 0$ 时，非基变量 x_j 变为基变量，x_j 增加则目标函数值还可以增大，这时要将某个非基变量 x_j 换到基变量中去(称为进基变量)。若有两个以上的 $\sigma_j > 0$，为了使目标函数值更大些，一般选 $\sigma_j > 0$ 中较大者的非基变量为进基变量。

1.5.3.2 离基变量的确定

设 $P_1, P_2, \cdots, P_m$ 是一组线性独立的向量组，它们对应的基可行解是 $X^{(0)}$。将它代入约束方程组(1-18)得到

$$\sum_{i=1}^{m} x_i^{(0)} P_i = b \qquad\qquad (1-25)$$

其他的向量 P_{m+1}，P_{m+2}，$\cdots$，P_{m+t}，$\cdots$，P_n 都可以用 P_1，P_2，$\cdots$，P_m 线性表示，若确定非基变量 P_{m+t} 为进基变量，必然可以找到一组不全为 0 的数（$i = 1$，2，$\cdots$，m）使得

$$P_{m+t} = \sum_{i=1}^{m} \beta_{i,\,m+t} P_i$$

或

$$P_{m+t} - \sum_{i=1}^{m} \beta_{i,\,m+t} P_i = 0 \qquad\qquad (1-26)$$

在式（1 - 26）两边同乘一个正数 θ，然后将它加到式（1 - 25）上，得到

$$\sum_{i=1}^{m} x_i^{(0)} P_i + \theta \Big[P_{m+t} - \sum_{i=1}^{m} \beta_{i,\,m+t} P_i \Big] = b$$

或

$$\sum_{i=1}^{m} \big(x_i^{(0)} - \theta \beta_{i,\,m+t} \big) P_i + \theta P_{m+t} = b \qquad\qquad (1-27)$$

当 θ 取适当值时，就能得到满足约束条件的一个可行解（即非零分量的数目不大于 m 个）。就应使 $(x_i^{(0)} - \theta \beta_{i,\,m+t})(i = 1$，$2$，$\cdots$，$m)$ 中的某一个为零，并保证其余的分量为非负。

这个要求可以用以下的办法达到：比较各比值 $\dfrac{x_i^{(0)}}{\beta_{i,\,m+t}}(i = 1$，$2$，$\cdots$，$m)$。又因为 θ 必须是正数，所以只选择 $\left[\dfrac{x_i^{(0)}}{\beta_{i,\,m+t}} \right] > 0(i = 1$，$2$，$\cdots$，$m)$ 中比值最小的等于 θ。以上描述用数学式表示为：

$$\theta = \min_{i} \left[\frac{x_i^{(0)}}{\beta_{i,\,m+t}} \,\big|\, \beta_{i,\,m+t} > 0 \right] = \frac{x_l^{(0)}}{\beta_{l,\,m+t}}$$

这时 x_i 为离基变量。按最小比值确定 θ 值，称为最小比值规则。将 $\theta = \dfrac{x_l^{(0)}}{\beta_{l,\,m+t}}$ 代入 X 中，便得到新的基可行解：

$$X^{(1)} = \left[x_1^{(0)} - \frac{x_l^{(0)}}{\beta_{l,\,m+t}} \beta_{1,\,m+t}, \cdots, 0, \cdots, x_m^{(0)} - \frac{x_l^{(0)}}{\beta_{l,\,m+t}} \beta_{m,\,m+t}, 0, \cdots, \frac{x_l^{(0)}}{\beta_{l,\,m+t}}, \cdots, 0 \right]$$

由此得到由 $X^{(0)}$ 转换到 $X^{(1)}$ 的各分量的转换公式

$$x_i^{(1)} = \begin{cases} x_i^{(0)} - \dfrac{x_l^{(0)}}{\beta_{l,\,m+t}} \beta_{i,\,m+t} & i \neq l \\[3mm] \dfrac{x_l^{(0)}}{\beta_{l,\,m+t}} & i = l \end{cases}$$

这里 $x_i^{(0)}$ 是原基可行解 $X^{(0)}$ 的各分量；$x_i^{(1)}$ 是新基可行解 $X^{(1)}$ 的各分量；$\beta_{i,\,m+t}$ 是进基向量 P_{m+t} 对应的原来一组基向量的坐标。从一个基可行解到另一个基可行解的变

换，就是进行一次基变换。从几何意义上讲，就是从可行域的一个顶点转向另一个顶点（见第一章第二节的图解法）。

1.5.4　迭代（旋转运算）

上述讨论的基可行解的转换方法是用向量方程来描述，在实际计算时不太方便，因此采用系数矩阵法。现考虑以下形式的约束方程组：

$$\begin{cases} x_1 + a_{1,\,m+1}x_{m+1} + \cdots + a_{1k}x_k + \cdots + a_{1n}x_n = b_1 \\ x_2 + a_{2,\,m+1}x_{m+1} + \cdots + a_{2k}x_k + \cdots + a_{2n}x_n = b_2 \\ \cdots \\ x_l + a_{l,\,m+1}x_{m+1} + \cdots + a_{lk}x_k + \cdots + a_{ln}x_n = b_l \\ \cdots \\ x_m + a_{m,\,m+1}x_{m+1} + \cdots + a_{mk}x_k + \cdots + a_{mn}x_n = b_m \end{cases} \quad (1-28)$$

在一般线性规划问题的约束方程组中加入松弛变量或人工变量后，很容易得到上述形式。

设 x_1，x_2，$\cdots$，x_m 为基变量，对应的系数矩阵是 $m \times m$ 单位阵 I，它是可行基。令非基变量 x_{m+1}，x_{m+2}，$\cdots$，x_n 为零，即可得到一个基可行解。若它不是最优解，则要另找一个使目标函数值增大的基可行解。这时从非基变量中确定 x_k 为进基变量。显然这时 θ 为

$$\theta = \min_i \left[\frac{b_i}{a_{ik}} \,\middle|\, a_{ik} > 0 \right] = \frac{b_l}{a_{lk}}$$

在迭代过程中 θ 可表示为

$$\theta = \min_i \left[\frac{b'_i}{a'_{ik}} \,\middle|\, a'_{ik} > 0 \right] = \frac{b'_l}{a'_{lk}}$$

其中 b'_i、a'_{ik} 是经过迭代后对应于 b_i、a_{ik} 的元素值。

按 θ 规则确定 x_l 为离基变量，x_k、x_l 的系数列向量分别为

$$P_k = \begin{bmatrix} a_{1k} \\ a_{2k} \\ \vdots \\ a_{lk} \\ \vdots \\ a_{mk} \end{bmatrix} ; \quad P_l = \begin{bmatrix} 0 \\ \vdots \\ 0 \\ 1 \\ \vdots \\ 0 \end{bmatrix}$$

为了使 x_k 与 x_l 进行对换，须把 P_k 变为单位向量，这可以通过式（1-28）系数矩阵的增广矩阵进行初等变换来实现。

$$\begin{bmatrix} 1 & & & & a_{1,\,m+1} & \cdots & a_{1k} & \cdots & a_{1n} & b_1 \\ & \cdots & & & & & & & & \\ & & 1 & & a_{l,\,m+1} & \cdots & a_{lk} & \cdots & a_{ln} & b_l \\ & & & \cdots & & & & & & \\ & & & 1 & a_{m,\,m+1} & \cdots & a_{mk} & \cdots & a_{mn} & b_m \end{bmatrix} \qquad (1-29)$$

变换的步骤是：

（1）将增广矩阵式（1 - 29）中的第 l 行除以 a_{lk}，得到

$$\left[0, \cdots, 0, \frac{1}{a_{lk}}, 0, \cdots, 0, \frac{a_{l,\,m+1}}{a_{l,\,k}}, \cdots, 1, \cdots \frac{a_{ln}}{a_{lk}} \mid \frac{b_l}{a_{lk}} \right] \qquad (1-30)$$

（2）将式（1 - 28）中 x_k 列的各元素，除 a_{lk} 变换为 1 以外，其他都应变换为零。其他行的变换是将式（1 - 30）乘以 $a_{ik}(i \neq 1)$ 后，从式（1 - 29）的第 i 行减去，得到新的第 i 行。

$$\left[0, \cdots, 0, -\frac{a_{ik}}{a_{lk}}, 0, \cdots, 0, a_{i,m+1} - \frac{a_{l,m+1}}{a_{lk}}a_{ik}, \cdots, 0, \cdots, a_{ln} - \frac{a_{ln}}{a_{lk}} \cdot a_{ik} \mid b_i - \frac{b_l}{a_{lk}} \cdot a_{ik} \right]$$

由此可得到变换后系数矩阵各元素的变换关系式：

$$a'_{ij} = \begin{cases} a_{ij} - \dfrac{a_{lj}}{a_{lk}}a_{ik} & (i \neq l) \\[3mm] \dfrac{a_{lj}}{a_{lk}} & (i = l) \end{cases} \quad ; \quad b'_i = \begin{cases} b_i - \dfrac{a_{ik}}{a_{lk}}b_l & (i \neq l) \\[3mm] \dfrac{b_l}{a_{lk}} & (i = l) \end{cases}$$

a'_{ij}、b'_i 是变换后的新元素。

（3）经过初等变换后的新增广矩阵是

$$\begin{bmatrix} 1 & \cdots & -\dfrac{a_{1k}}{a_{lk}} & \cdots & 0 & a'_{1,\,m+1} & \cdots & 0 & \cdots & a'_{1n} & b'_1 \\ & & & & & & & & & & \\ 0 & \cdots & +\dfrac{1}{a_{lk}} & \cdots & 0 & a'_{l,\,m+1} & \cdots & 1 & \cdots & a'_{ln} & b'_l \\ & & & & & & & & & & \\ 0 & \cdots & -\dfrac{a_{mk}}{a_{lk}} & \cdots & 1 & a'_{m,\,m+1} & \cdots & 0 & \cdots & a'_{mn} & b'_m \end{bmatrix} \qquad (1-31)$$

（4）由式（1 - 31）中可以看到 x_1，x_2，$\cdots$，x_k，$\cdots$，x_m 的系数列向量构成 $m \times m$ 单位矩阵，它是可行基，当非基变量 x_{m+1}，$\cdots$，x_l，$\cdots$，x_n 为零时，就得到一个基可行解 $X^{(1)}$

$$X^{(1)} = (b'_1, \cdots, b'_{l-1}, 0, b'_{l+1} \cdots b'_m, 0, \cdots b'_k, 0, \cdots 0)^T$$

在上述系数矩阵的变换中，元素 a_{lk} 称为主元素，它所在列称为主元列，它所在行称为主元行。元素 a_{lk} 位置变换后为 1。

【例 1 - 6】 试用上述方法计算例 1 - 5 的两个基变换。

解 将例 1 - 5 的约束方程组的系数矩阵写成增广矩阵

$$\begin{bmatrix} 1 & 2 & 1 & 0 & 0 & 8 \\ 4 & 0 & 0 & 1 & 0 & 16 \\ 0 & 4 & 0 & 0 & 1 & 12 \end{bmatrix}$$

当以 x_3、x_4、x_5 为基变量，x_1、x_2 为非基变量，令 $x_1 = x_2 = 0$，可得到一个基可行解

$$X^{(0)} = (0, 0, 8, 16, 12)^T$$

现用 x_2 去替换 x_5，于是将 x_3、x_4、x_2 的系数矩阵变换为单位矩阵，经变换后为

$$\begin{bmatrix} 1 & 0 & 1 & 0 & -1/2 & 2 \\ 4 & 0 & 0 & 1 & 0 & 16 \\ 0 & 1 & 0 & 0 & 1/4 & 3 \end{bmatrix}$$

令非基变量 $x_1 = x_5 = 0$，得到新的基可行解

$$X^{(1)} = (0, 3, 2, 16, 0)^T$$

1.6　表格形式的单纯形法

为了使单纯形法更加简洁明了，我们常常借助于单纯形法的表格形式，我们称之为单纯形表，其功能与增广矩阵相似。下面来建立这种计算表。

1.6.1　单纯形表

将式 (1 - 19) 与目标函数组成 $n + 1$ 个变量，$m + 1$ 个方程的方程组。

$$x_1 + a_{1, m+1}x_{m+1} + \cdots + a_{1n}x_n = b_1$$
$$x_2 + a_{2, m+1}x_{m+1} + \cdots + a_{2n}x_n = b_2$$
$$\cdots$$
$$x_m + a_{m, m+1}x_{m+1} + \cdots + a_{mn}x_n = b_m$$
$$-z + c_1x_1 + c_2x_2 + \cdots + c_mx_m + \cdots + c_nx_n = 0$$

为了便于迭代运算，可将上述方程组写成增广矩阵

$$\begin{array}{ccccccc} -z & x_1 & x_2 \cdots & x_m & x_{m+1} & \cdots & x_n & b \end{array}$$

$$\begin{bmatrix} 0 & 1 & & \cdots & 0 & a_{1, m+1} & \cdots & a_{1n} & b_1 \\ 0 & 0 & 1 & \cdots & 0 & a_{2, m+1} & \cdots & a_{2n} & b_2 \\ & & & \cdots & & & \cdots & & \\ 0 & 0 & 0 & \cdots & 1 & a_{m, m+1} & \cdots & a_{mn} & b_m \\ 1 & c_1 & c_2 & \cdots & c_m & c_{m+1} & \cdots & c_n & 0 \end{bmatrix}$$

若将 z 看作不参与基变换的基变量，它与 x_1，x_2，$\cdots$，x_m 的系数构成一个基，这时可采用初等行变换将 c_1，c_2，$\cdots$，c_m 变换为零，使其对应的系数矩阵为单位矩阵。得到

$$\begin{bmatrix}
0 & 1 & & \cdots & 0 & a_{1,m+1} & \cdots & a_{1n} & \bigg| & b_1 \\
0 & 0 & 1 & \cdots & 0 & a_{2,m+1} & \cdots & a_{2n} & & b_2 \\
& & \cdots & & & & \cdots & & & \\
0 & 0 & 0 & \cdots & 1 & a_{m,m+1} & \cdots & a_{mn} & & b_m \\
1 & 0 & 0 & \cdots & 0 & c_{m+1}-\sum_{i=1}^{m}c_i a_{i,m+1} & \cdots & c_n-\sum_{i=1}^{m}c_i a_{in} & & -\sum_{i=1}^{m}c_i b_i
\end{bmatrix}$$

顶部列标题： z x_1 x_2 $\cdots$ x_m x_{m+1} $\cdots$ x_n b

可根据上述增广矩阵设计计算表，见表 1 - 2。

表 1 - 2

C_B	X_B	c_j / b	c_1 / x_1	$\cdots$	c_m / x_m	c_{m+1} / x_{m+1}	$\cdots$	c_n / x_n	θ_i
c_1	x_1	b_1	1	$\cdots$	0	$a_{1,m+1}$	$\cdots$	a_{1n}	θ_1
c_2	x_2	b_2	0	$\cdots$	0	$a_{2,m+1}$	$\cdots$	a_{2n}	θ_2
					$\cdots$				
c_m	x_m	bm	0	$\cdots$	1	$a_{m,m+1}$	$\cdots$	a_{mn}	θ_m
	$-z$	$-\sum_{i=1}^{m}c_i b_i$	0	$\cdots$	0	$c_{m+1}-\sum_{i=1}^{m}c_i a_{i,m+1}$	$\cdots$	$c_n-\sum_{i=1}^{m}c_i a_{in}$	

X_B 列中填进基变量，这里是 x_1，x_2，$\cdots$，x_m；

C_B 列中填进基变量的价值系数，这里是 c_1，c_2，$\cdots$，c_m，它们是与基变量相对应的；

b 列中填入约束方程组右端的常数；

c_j 行中填进基变量的价值系数 c_1，c_2，$\cdots$，c_n；

θ_i 列的数字是在确定进基变量后，按 θ 规则计算后填入；

最后一行称为检验数行，对应各非基变量 x_j 的检验数是

$$c_j - \sum_{i=1}^{m}c_i a_{ij}, \ j=1,\ 2,\ \cdots,\ n$$

表 1 - 2 称为初始单纯形表，每迭代一步构造一个新单纯形表。

1.6.2　计算步骤

（1）找出初始可行基，确定初始基可行解，建立初始单纯形表。

$$\sigma_j = c_j - \sum_{i=1}^{m}c_i a_{ij}, \ 若 \ \sigma_j \leqslant 0, \ j=m+1,\ \cdots,\ n$$

则已得到最优解，可停止计算。否则转入下一步。

（2）在 $\sigma_j > 0$，$j=m+1$，$\cdots$，n 中，若有某个 σ_k 对应 x_k 的系数列向量 $P_k \leqslant 0$，则此问题是无界解，停止计算。否则，转入下一步。

（3）根据 $\max(\sigma_j > 0) = \sigma_k$，确定 x_k 为进基变量，按 θ 规则计算

$$\theta = \min\left[\frac{b_i}{a_{ik}} \mid a_{ik} > 0\right] = \frac{b_l}{a_{lk}}$$

可确定 x_l 为离基变量，转入下一步。

（4）以 a_{lk} 为主元素进行迭代（即用高斯消去法或旋转运算），把 x_k 所对应的列向量

$$P_k = \begin{bmatrix} a_{1k} \\ a_{2k} \\ \\ a_{lk} \\ \\ a_{mk} \end{bmatrix} \text{变换为} \begin{bmatrix} 0 \\ 0 \\ \\ 1 \\ \\ 0 \end{bmatrix}$$

将 X_B 列中的 x_l 换为 x_k，得到新的单纯形表。重复步骤（2）～（4），直到终止。

现用例 1 - 1 的标准型来说明上述计算步骤。

（1）根据例 1 - 1 的标准型，取松弛变量 x_3、x_4、x_5 为基变量，它对应的单位矩阵为基。这就得到初始基可行解

$$X(0) = (0,\ 0,\ 8,\ 16,\ 12)^T$$

将有关数字填入表中，得到初始单纯形表，见表 1 - 3。

表 1 - 3

C_B	X_B	b	c_j					θ
			2	3	0	0	0	
			x_1	x_2	x_3	x_4	x_5	
0	x_3	8	1	2	1	0	0	4
0	x_4	16	4	0	0	1	0	－
0	x_5	12	0	[4]	0	0	1	3
	$-z$	0	2	3	0	0	0	

表 1 - 3 中左上角的 c_j 是表示目标函数中各变量的价值系数。在 C_B 列填入初始基变量的价值系数，它们都为零，各非基变量的检验数为

$$\sigma_1 = c_1 - z_1 = 2 - (0 \times 1 + 0 \times 4 + 0 \times 0) = 2$$
$$\sigma_2 = c_2 - z_2 = 3 - (0 \times 2 + 0 \times 0 + 0 \times 4) = 3$$

（2）因检验数都大于零，且 P_1、P_2 有正分量存在，转入下一步；

（3）$\max(\sigma_1,\ \sigma_2) = \max(2,\ 3) = 3$，对应的变量 x_2 为进基变量，计算 θ

$$\theta = \min_i\left(\frac{b_i}{a_{i2}} \mid a_{i2} > 0\right) = \min(8/2,\ -,\ 12/4) = 3$$

它所在行对应的 x_5 为离基变量。x_2 所在列和 x_5 所在行的交叉处 [4] 称为主元素或枢元素（Pivot Element）。

（4）以［4］为主元素进行旋转运算，即初等行变换，使 P_2 变换为 $(0, 0, 1)^T$，在 X_B 列中将 x_2 替换 x_5，于是得到新表 1 - 4。

表 1 - 4

c_j			2	3	0	0	0	θ
C_B	X_B	b	x_1	x_2	x_3	x_4	x_5	
0	x_3	2	[1]	0	1	0	$-1/2$	2
0	x_4	16	4	0	0	1	0	4
3	x_2	3	0	1	0	0	$1/4$	-
$-z$		9	2	0	0	0	$-3/4$	

b 列的数字是 $x_3 = 2$，$x_4 = 16$，$x_2 = 3$

于是得到新的基可行解 $X(1) = (0, 3, 2, 16, 0)^T$

目标函数的取值 $z = 9$

（5）检查表 1 - 4 的所有 $c_j - z_j$，这时有 $c_1 - z_1 = 2$；说明 x_1 应为进基变量。重复上述 （2）～（4）的计算步骤，得表 1 - 5。

表 1 - 5

c_j			2	3	0	0	0	θ
C_B	X_B	b	x_1	x_2	x_3	x_4	x_5	
2	x_1	2	1	0	1	0	$-1/2$	-
0	x_4	8	0	0	-4	1	[2]	4
3	x_2	3	0	1	0	0	$1/4$	12
$-z$		-13	0	0	-2	0	$1/4$	
2	x_1	4	1	0	1	$1/4$	0	
0	x_4	4	0	0	-2	$1/2$	1	
3	x_2	2	0	1	$1/2$	$-1/8$	0	
$-z$		-14	0	0	$-3/2$	$-1/8$	0	

（6）表 1 - 5 最后一行的所有检验数都已为负或零。这表示目标函数值已不可能再增大，于是得到最优解 $X^* = X^{(3)} = (4, 2, 0, 0, 4)^T$，目标函数值 $z^* = 14$。

这样我们就用单纯形表的方法把这个线性规划问题解决了，实际上，我们可以连续地使用单纯形表，而不必每次迭代都重画一个表头。

1.7 人工变量求可行基的解法

设线性规划问题的约束条件是

$$\sum_{j=1}^{n} P_j x_j = b$$

分别给每一个约束方程加入人工变量 x_{n+1}，$\cdots$，x_{n+m}，得到

$$\begin{cases} a_{11}x_1 + a_{12}x_2 + \cdots + a_{1n}x_n + x_{n+1} = b_1 \\ a_{21}x_1 + a_{22}x_2 + \cdots + a_{2n}x_n + x_{n+2} = b_2 \\ \quad\quad\quad\quad\quad \cdots \\ a_{m1}x_1 + a_{m2}x_2 + \cdots + a_{mn}x_n + x_{n+m} = b_m \\ x_1,\ x_2,\ \cdots,\ x_n \geqslant 0,\quad x_{n+1},\ \cdots,\ x_{n+m} \geqslant 0 \end{cases}$$

以 x_{n+1}，$\cdots$，x_{n+m} 为基变量，并可得到一个 $m \times m$ 单位矩阵。令非基变量 x_1，x_2，$\cdots$，x_n 为零，便可得到一个初始基可行解

$$X^{(0)} = (0,\ 0,\ \cdots,\ 0,\ b_1,\ b_2,\ \cdots,\ b_m)^T$$

因为人工变量是后加入到原约束条件中的虚拟变量，要求经过基的变换将它们从基变量中逐个替换出来。基变量中不再含有非零的人工变量，这表示原问题有解。若在最终表中当所有 $c_j - z_j \leqslant 0$，而在其中还有某个非零人工变量，这表示无可行解。

要注意，人工变量与松弛变量和剩余变量是不同的。松弛变量和剩余变量可以取零值，也可以去正值，而人工变量只能取零值。一旦人工变量取正值，那么有人工变量的约束方程和原始的约束方程就不等价了，这样求得的解就不是原线性规划的解了。

1.7.1　大 M 法

在一个线性规划问题的约束条件中加进人工变量后，要求人工变量对目标函数取值不受影响，为此假定人工变量在目标函数中的系数为 $(-M)$（M 为任意大的正数），这样目标函数要实现最大化时，必须把人工变量从基变量换出，否则目标函数不可能实现最大化。

【例 1 - 7】现有线性规划问题

$$\min z = -3x_1 + x_2 + x_3$$

$$\begin{cases} x_1 - 2x_2 + x_3 \leqslant 11 \\ -4x_1 + x_2 + 2x_3 \geqslant 3 \\ -2x_1 + x_3 = 1 \\ x_1,\ x_2,\ x_3 \geqslant 0 \end{cases}$$

试用大 M 法求解。

解　在上述问题的约束条件中加入松弛变量 x_4，剩余变量 x_5，人工变量 x_6、x_7，得到

$$\min z = -3x_1 + x_2 + x_3 + 0x_4 + 0x_5 + Mx_6 + Mx_7$$

$$\begin{cases} x_1 - 2x_2 + x_3 + x_4 \leqslant 11 \\ -4x_1 + x_2 + 2x_3 - x_5 + x_6 \geqslant 3 \\ -2x_1 + x_3 + x_7 = 1 \\ x_1,\ x_2,\ x_3,\ x_4,\ x_5,\ x_6,\ x_7 \geqslant 0 \end{cases}$$

这里 M 是一个任意大的正数。

用单纯形法进行计算时，见表 1 - 6。因本例是求 min，所以用所有 $c_j - z_j \geq 0$ 来判别目标函数是否实现了最小化。表 1 - 6 中的最终表表明得到最优解是 $x_1 = 4$，$x_2 = 1$，$x_3 = 9$，$x_4 = x_5 = x_6 = x_7 = 0$，目标函数 $z = -2$。

表 1 - 6

	c_j		-3	1	1	0	0	M	M	θ
C_B	X_B	b	x_1	x_2	x_3	x_4	x_5	x_6	x_7	
0	x_4	11	1	-2	1	1	0	0	0	11
M	x_6	3	-4	1	2	0	-1	1	0	$3/2$
M	x_7	1	-2	0	$[1]$	0	0	0	1	1
	$c_j - z_j$		$-3+6M$	$1-M$	$1-3M$	0	M	0	0	
0	x_4	10	3	-2	0	1	0	0	-1	
M	x_6	1	0	$[1]$	0	0	-1	1	-2	1
1	x_3	1	-2	0	1	0	0	0	1	
	$c_j - z_j$		-1	$1-M$	0	0	M	0	$3M-1$	
0	x_4	12	$[3]$	0	0	1	-2	2	-5	4
1	x_2	1	0	1	0	0	-1	1	-2	
1	x_3	1	-2	0	1	0	0	0	1	
	$c_j - z_j$		-1	0	0	0	1	$M-1$	$M+1$	
-3	x_1	4	1	0	0	$1/3$	$-2/3$	$2/3$	$-5/3$	
1	x_2	1	0	1	0	0	-1	1	-2	
1	x_3	9	0	0	1	$2/3$	$-4/3$	$4/3$	$-7/3$	
	$c_j - z_j$		2	0	0	0	$1/3$	1	$M-1/3$	$M-2/3$

1.7.2 两阶段法

两阶段法是处理人工变量的另一种方法，这种方法是将加入人工变量后的线性规划问题分两阶段求解。

阶段 I：不考虑原问题是否存在基可行解；给原线性规划问题加入人工变量，并构造仅含人工变量的目标函数和要求实现最小化。如

$$\min\omega = x_{n+1} + \cdots + x_{n+m} + 0x_1 + \cdots + 0x_n$$

$$\begin{cases} a_{11}x_1 + a_{12}x_2 + \cdots + a_{1n}x_n + x_{n+1} = b_1 \\ a_{21}x_1 + a_{22}x_2 + \cdots + a_{2n}x_n + x_{n+2} = b_2 \\ \cdots \\ a_{m1}x_1 + a_{m2}x_2 + \cdots + a_{mn}x_n + x_{n+m} = b_m \\ x_1,\ x_2,\ \cdots,\ x_{n+m} \geq 0 \end{cases}$$

用单纯形法求解上述模型，若得到 $\omega = 0$，这说明原问题存在基可行解，可以进行第二段计算。否则原问题无可行解，应停止计算。

阶段 Ⅱ：将第一阶段计算得到的最终表，除去人工变量。将目标函数行的系数换原问题的目标函数系数，作为第二阶段计算的初始表，用单纯形法进行迭代，直到运算结束。

【例 1 - 8】试用两阶段法求解例 1 - 7 中所给线性规划问题。

解 先在所给线性规划问题的约束方程中加入人工变量，给出第一阶段的数学模型为：

$$\min\omega = x_6 + x_7$$

$$\begin{cases} x_1 - 2x_2 + x_3 + x_4 \leqslant 11 \\ -4x_1 + x_2 + 2x_3 - x_5 + x_6 \geqslant 3 \\ -2x_1 + x_3 + x_7 = 1 \\ x_1, \ x_2, \ x_3, \ x_4, \ x_5, \ x_6, \ x_7 \geqslant 0 \end{cases}$$

这里 x_6、x_7 是人工变量。用单纯形法求解，见表 1 - 7。第一阶段求得的结果是 $\omega = 0$，得到最优解

$$x_1 = 0, \ x_2 = 1, \ x_3 = 1, \ x_4 = 12, \ x_5 = x_6 = x_7 = 0$$

因人工变量 $x_6 = x_7 = 0$，所以 $(0, 1, 1, 12, 0)^T$ 是线性规划问题的基可行解。于是可以进行第二阶段运算。将第一阶段的最终表中的人工变量取消填入原问题的目标函数的系数。进行第二阶段计算，见表 1 - 8。

表 1 - 7

c_j			0	0	0	0	0	1	1	θ
C_B	X_B	b	x_1	x_2	x_3	x_4	x_5	x_6	x_7	
0	x_4	11	1	- 2	1	1	0	0	0	11
1	x_6	3	- 4	1	2	0	- 1	1	0	3/2
1	x_7	1	- 2	0	[1]	0	0	0	1	1
$c_j - z_j$			6	- 1	- 3	0	1	0	0	
0	x_4	10	3	- 2	0	1	0	0	- 1	—
1	x_6	1	0	[1]	0	0	- 1	1	- 2	1
0	x_3	1	- 2	0	1	0	0	0	1	—
$c_j - z_j$			0	- 1	0	0	1	0	3	
0	x_4	12	3	0	0	1	- 2	2	- 5	
0	x_2	1	0	1	0	0	- 1	1	- 2	
0	x_3	1	- 2	0	1	0	0	0	1	
$c_j - z_j$			0	0	0	0	0	1	1	

表 1 - 8

C_B	X_B	b	c_j = −3 x_1	1 x_2	1 x_3	0 x_4	0 x_5	θ
0	x_4	12	[3]	0	0	1	− 2	4
1	x_2	1	0	1	0	0	− 1	−
1	x_3	1	− 2	0	1	0	0	−
$c_j - z_j$			− 1	0	0	0	1	
− 3	x_1	4	1	0	0	1/3	− 2/3	
1	x_2	1	0	1	0	0	− 1	
1	x_3	9	0	0	1	2/3	− 4/3	
$c_j - z_j$			2	0	0	0	1/3	1/3

从表 1 - 8 中得到最优解为 $x_1 = 4$，$x_2 = 1$，$x_3 = 9$，目标函数 $z = -2$。

1.8　求解和应用中遇到的一些问题

线性规划在实际应用和求解过程中会遇到一些特殊情况，对线性规划问题的求解结果可能出现无可行解、无界解、无穷多最优解甚至退化等情况。1.5 节中给出了相应的判别准则，这里分别举例说明。

1.8.1　无可行解

【例 1 - 9】用单纯形表求解下列线性规划问题：

$$\max z = 20x_1 + 30x_2$$

$$\begin{cases} 3x_1 + 10x_2 \leqslant 150 \\ x_1 \leqslant 30 \\ x_1 + x_2 \geqslant 40 \\ x_1,\ x_2 \geqslant 0 \end{cases}$$

解　在上述问题的约束条件中加入松弛变量、剩余变量和人工变量得到

$$\max z = 20x_1 + 30x_2 - Mx_6$$

$$\begin{cases} 3x_1 + 10x_2 + x_3 \leqslant 150 \\ x_1 + x_4 \leqslant 30 \\ x_1 + x_2 - x_5 + x_6 \geqslant 40 \\ x_1,\ x_2,\ x_3,\ x_4,\ x_5,\ x_6 \geqslant 0 \end{cases}$$

这里 M 是一个任意大的正数。

用单纯形法进行计算，见表 1 - 9。

表 1 - 9

	c_j		20	30	0	0	0	$-M$	θ
C_B	X_B	b	x_1	x_2	x_3	x_4	x_5	x_6	
0	x_3	150	3	[10]	1	0	0	0	15
0	x_4	30	1	0	0	1	0	0	—
$-M$	x_6	40	1	1	0	0	-1	1	40
	$c_j - z_j$		$20+M$	$30+M$	0	0	$-M$		
30	x_2	15	3/10	1	1/10	0	0	0	50
0	x_4	30	[1]	0	0	1	0	1	30
$-M$	x_6	25	7/10	0	$-1/10$	0	-1	0	250/7
	$c_j - z_j$		$11+7M/10$	0	$-3-M/10$	0	$-M$		
30	x_2	6	0	1	1/10	$-3/10$	0	0	4
20	x_1	30	1	0	0	1	0	1	
$-M$	x_6	4	0	0	$-1/10$	$-7/10$	-1	0	
	$c_j - z_j$	$780-4M$	0	0	$-3-M/10$	$-11-7M/10$	$-M$	0	

从第 2 次迭代的检验数来看都是 $\sigma_j \leq 0$，可知第 2 次迭代所得的基本可行解已经是最优解了。其最优解为 $x_1 = 30$，$x_2 = 6$，$x_3 = x_4 = x_5 = 0$，$x_6 = 4 \neq 0$，其最大的目标函数为 $780 - 4M$。把最优解 $x_5 = 0$，$x_6 = 4$ 带入第 3 个约束方程得 $x_1 + x_2 - 0 + 4 = 40$，即有 $x_1 + x_2 = 36 \leq 40$，并不满足原来的约束条件 3，可知原线性规划问题无可行解，或者说其可行域为空集，当然更不可能有最优解了。

像这样只要求出的线性规划问题的最优解里有人工变量大于零，则此线性规划问题无可行解。

1.8.2 无界解

在求目标函数最大值的问题中，所谓无界解是指在约束条件下目标函数值可以取任意大。

【例 1 - 10】用单纯形法求解下面线性规划问题：

$$\max z = x_1 + x_2$$

$$\begin{cases} x_1 - x_2 \leq 1 \\ -3x_1 + 2x_2 \leq 6 \\ x_1, \ x_2 \geq 0 \end{cases}$$

解 在上述问题的约束条件中加入松弛变量，得标准形式：

$$\max z = x_1 + x_2$$

$$\begin{cases} x_1 - x_2 + x_3 = 1 \\ -3x_1 + 2x_2 + x_4 = 6 \\ x_1, \ x_2, \ x_3, \ x_4 \geqslant 0 \end{cases}$$

用单纯形表计算，见表 1 - 10。

表 1 - 10

c_j			1	1	0	0	θ
C_B	X_B	b	x_1	x_2	x_3	x_4	
0	x_3	1	[1]	-1	1	0	1
0	x_4	6	-3	2	0	1	—
$c_j - z_j$			1	1	0	0	
1	x_1	1	1	-1	1/10	0	
0	x_4	9	0	-1	0	1	
$c_j - z_j$			1	0	2	-1	0

从第 1 次迭代的检验数 $\sigma_2 = 2$ 可知所得的基本可行解 $x_1 = 1$，$x_2 = 0$，$x_3 = 0$，$x_4 = 9$，不是最优解。同时我们也知道如果进行第 2 次迭代，那么就选 x_2 为进基变量，但是在选择离基变量时遇到了问题：$a'_{12} = -1$，$a'_{22} = -1$，找不到大于零的 a'_{22} 来确定离基变量。事实上如果我们碰到这种情况就可以断定这个线性规划问题是无界的，也就是说在此线性规划的约束条件下，此目标函数可以取到无限大。从第 1 次迭代的单纯形表中，得到约束方程（这是原约束方程经过第 1 次选择行变换得到的）

$$x_1 - x_2 + x_3 = 1, \quad -x_2 + 3x_3 + x_4 = 9$$

移项可得

$$x_1 = x_2 - x_3 + 1, \quad x_4 = x_2 - 3x_3 + 9$$

不妨设 $x_2 = M$，$x_3 = 0$，可得一组解

$$x_1 = M + 1, \ x_2 = M, \ x_3 = 0, \ x_4 = M + 9$$

显然这是此线性规划的可行解，此时目标函数

$$z = x_1 + x_2 = M + 1 + M = 2M + 1$$

由于 M 可以是任意大的正数，可知此目标函数值无界。

上述例子告诉我们在单纯形表中识别线性规划问题是否为无界解的方法：在某次迭代的单纯形表中，如果存在着一个大于零的检验数 σ_j，并且该列的系数向量的每个元素 $a_{ij}(i = 1, \ 2, \ \cdots, \ m)$ 都小于或等于零，则此线性规划问题是无界的，一般地说此类问题的出现是由于建模错误所引起的。

1.8.3 无穷多最优解

【例 1 – 11】用单纯形表求解下列线性规划问题：

$$\max z = 50x_1 + 50x_2$$

$$\begin{cases} x_1 + x_2 \leqslant 300 \\ 2x_1 + x_2 \leqslant 400 \\ x_2 \leqslant 250 \\ x_1, \ x_2 \geqslant 0 \end{cases}$$

解　在上述问题的约束条件中加入松弛变量、剩余变量和人工变量得到

$$\max z = 50x_1 + 50x_2$$

$$\begin{cases} x_1 + x_2 + x_3 = 300 \\ 2x_1 + x_2 + x_4 = 400 \\ x_2 + x_5 = 250 \\ x_1, \ x_2, \ x_3, \ x_4, \ x_5 \geqslant 0 \end{cases}$$

用单纯形法进行计算，见表 1 – 11。

表 1 – 11

	c_j		50	50	0	0	0	θ
C_B	X_B	b	x_1	x_2	x_3	x_4	x_5	
0	x_3	300	1	1	1	0	0	300
0	x_4	400	2	1	0	1	0	400
0	x_5	250	0	[1]	0	0	1	250
	$c_j - z_j$		50	50	0	0	0	
0	x_3	50	[1]	0	1	0	– 1	50
0	x_4	150	2	0	0	1	– 1	150
50	x_2	250	0	1	0	0	1	–
	$c_j - z_j$		50	0	0	0	– 50	
50	x_1	50	1	0	1	0	– 1	
0	x_4	50	0	0	– 2	1	1	
50	x_2	250	0	1	0	0	1	
	$c_j - z_j$	15 000	0	0	– 50	0	0	

这样我们求得最优解为 $x_1 = 50$，$x_2 = 250$，$x_3 = x_4 = x_5 = 0$，此线性规划问题的最优值为 15 000。这个最优解是否是唯一的呢？由于在第 2 次迭代的检验数中除了基变量的检验数 σ_1、σ_2、σ_4 等于零外，非基变量 x_5 的检验数也等于零，这样我们可以断定此线性规划问题有无穷多最优解。不妨把检验数也为零的非基变量选为进基变量进行第 3 次

迭代。可求得另一个基本可行解，如表 1 – 12 所示。

表 1 – 12

C_B	X_B	b	x_1	x_2	x_3	x_4	x_5	θ
	c_j		50	50	0	0	0	
50	x_1	100	1	0	– 1	1	0	
0	x_5	50	0	0	– 2	1	1	
50	x_2	200	0	1	2	– 1	0	
$c_j – z_j$		15 000	0	0	– 50	0	0	

从检验数可知此基本可行解 $x_1 = 100$，$x_2 = 200$，$x_3 = x_4 = 0$，$x_5 = 50$ 也是最优解。

在一个已经得到最优解的单纯形表中，如果存在一个非基变量的检验数 σ_s 为零，当把这个非基变量 x_s 作为进基变量进行迭代时，得到的新的基本解仍为最优解。

这样我们得到了判断线性规划有无穷多最优解的方法：对于某个最优的基本可行解，如果存在某个非基变量的检验数为零，则此线性规划问题有无穷多最优解。

1.8.4　退化

单纯形法计算中用 θ 规则确定离基变量时，有时存在两个以上相同的最小比值，这样在下一次迭代中就有一个或几个基变量等于零，这就出现退化解。这时离基变量 $x_l = 0$，迭代后目标函数值不变。这时不同基表示为同一顶点。有人构造了一个特例，当出现退化时，进行多次迭代，而基从 B_1，B_2，… 又返回到 B_1，即出现计算过程的循环，便永远达不到最优解。

尽管计算过程的循环现象极少出现，但还是有可能的。为了避免这种现象，我们介绍勃兰特规则：

（1）选取 $c_j – z_j > 0$ 中下标最小的非基变量 x_k 为进基变量，即

$k = \min(j \mid c_j – z_j > 0)$

（2）当按 θ 规则计算存在两个和两个以上最小比值时，选取下标最小的基变量为离基变量。

这样就能避免出现循环。

1.9　线性规划的基本理论和推广应用

1.9.1　基本理论

1.9.1.1　基本概念

（1）凸集。

设 K 是 n 维欧氏空间的一点集，若任意两点 $X^{(1)} \in K$，$X^{(2)} \in K$ 的连线上的所有点

$\alpha X^{(1)} + (1 - \alpha) X^{(2)} \in K$, $(0 \leq \alpha \leq 1)$ 则称 K 为凸集。

实心圆、实心球体、实心立方体等都是凸集,圆环不是凸集。从直观上讲,凸集没有凹入部分,其内部没有空洞。图 1 - 7 中的 $(a)(b)$ 是凸集,(c) 不是凸集。图 1 - 2 中的阴影部分是凸集。任何两个凸集的交集是凸集,见图 1 - 7(d)。

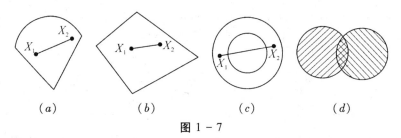

(a) (b) (c) (d)

图 1 - 7

(2) 凸组合。

设 $X^{(1)}$,$X^{(2)}$,$\cdots$,$X^{(k)}$ 是 n 维欧氏空间 E^n 中的 k 个点。若存在 μ_1,μ_2,$\cdots$,μ_k,且 $0 \leq \mu_i \leq 1$,$i = 1, 2, \cdots, k$;$\sum_{i=1}^{k} \mu_i = 1$,使

$$X = \mu_1 X^{(1)} + \mu_2 X^{(2)} + \cdots + \mu_k X^{(k)}$$

则称 X 为 $X^{(1)}$,$X^{(2)}$,$\cdots$,$X^{(k)}$ 的凸组合(当 $0 < \mu_i < 1$ 时,称为严格凸组合)。

(3) 顶点。

设 K 是凸集,$X \in K$;若 X 不能用不同的两点 $X^{(1)} \in K$ 和 $X^{(2)} \in K$ 的线性组合表示为

$$X = \alpha X^{(1)} + (1 - \alpha) X^{(2)}, \quad (0 < \alpha < 1)$$

则称 X 为 K 的一个顶点(或极点)。

1.9.1.2 基本定理

定理 1 若线性规划问题存在可行域,则其可行域

$$D = \left\{ X \mid \sum_{j=1}^{n} P_j x_j = b, \quad x_j \geq 0 \right\} \text{是凸集}$$

证 为了证明满足线性规划问题的约束条件

$$\sum_{j=1}^{n} P_j x_j = b, \ x_j \geq 0, \quad j = 1, 2, \cdots, n$$

的所有点(可行解)组成的集合是凸集,只要证明 D 中任意两点连线上的点必然在 D 内即可。

设

$$X^{(1)} = (x_1^{(1)}, \ x_2^{(1)}, \ \cdots, \ x_n^{(1)})^T$$
$$X^{(2)} = (x_1^{(2)}, \ x_2^{(2)}, \ \cdots, \ x_n^{(2)})^T$$

是 D 内的任意两点,$X^{(1)} \neq X^{(2)}$。

则有

$$\sum_{j=1}^{n} P_j x_j^{(1)} = b, \quad x_j^{(1)} \geq 0, \quad j = 1, 2, \cdots, n$$

$$\sum_{j=1}^{n} P_j x_j^{(2)} = b, \quad x_j^{(2)} \geqslant 0, \quad j = 1, 2, \cdots, n$$

令 $X = (x_1, x_2, \cdots, x_n)^T$ 为 $X^{(1)}$、$X^{(2)}$ 连线上的任意一点，即

$$X = \alpha X^{(1)} + (1 - \alpha) X^{(2)} \qquad (0 \leqslant \alpha \leqslant 1)$$

X 的每一个分量是 $x_j = \alpha x_j^{(1)} + (1 - \alpha) x_j^{(2)}$，将它代入约束条件，得到

$$\begin{aligned}
\sum_{j=1}^{n} P_j x_j &= \sum_{j=1}^{n} P_j (\alpha x_j^{(1)} + (1 - \alpha) x_j^{(2)}) \\
&= \alpha \sum_{j=1}^{n} P_j x_j^{(1)} + \sum_{j=1}^{n} P_j x_j^{(2)} - \alpha \sum_{j=1}^{n} P_j x_j^{(2)} \\
&= \alpha b + b - \alpha b = b
\end{aligned}$$

又因 $x_j^{(1)}$，$x_j^{(2)} \geqslant 0$，$\alpha > 0$，$1 - \alpha > 0$，所以 $x_j \geqslant 0$，$j = 1, 2, \cdots, n$。由此可见 $X \in D$，D 是凸集。

证毕。

引理1 线性规划问题的可行解 $X = (x_1, x_2, \cdots, x_n)^T$ 为基可行解的充要条件是 X 的正分量所对应的系数列向量是线性独立的。

定理2 线性规划问题的基可行解 X 对应于可行域 D 的顶点。

证 不失一般性，假设基可行解 X 的前 m 个分量为正。故

$$\sum_{j=1}^{m} P_j x_j = b \qquad (1-32)$$

现在分两步来讨论，分别用反证法。

(1) 若 X 不是基可行解，则它一定不是可行域 D 的顶点。

根据引理1，若 X 不是基可行解，则其正分量所对应的系数列向量 $P_1, P_2, \cdots, P_m$ 线性相关，即存在一组不全为零的数 α_i，$i = 1, 2, \cdots, m$ 使得

$$\alpha_1 P_1 + \alpha_2 P_2 + \cdots + \alpha_m P_m = 0 \qquad (1-33)$$

用一个 $\mu > 0$ 的数乘以式(1-33)再分别与式(1-32)相加和相减，这样得到

$$(x_1 - \mu_1 \alpha_1) P_1 + (x_2 - \mu_2 \alpha_2) P_2 + \cdots + (x_m - \mu_m \alpha_m) P_m = 0$$
$$(x_1 + \mu_1 \alpha_1) P_1 + (x_2 + \mu_2 \alpha_2) P_2 + \cdots + (x_m + \mu_m \alpha_m) P_m = 0$$

现取

$$X^{(1)} = [(x_1 - \mu_1 \alpha_1), (x_2 - \mu_2 \alpha_2), \cdots, (x_m - \mu_m \alpha_m)]$$
$$X^{(2)} = [(x_1 + \mu_1 \alpha_1), (x_2 + \mu_2 \alpha_2), \cdots, (x_m + \mu_m \alpha_m)]$$

由 $X^{(1)}$、$X^{(2)}$ 可以得到 $X = \dfrac{1}{2} X^{(1)} + \dfrac{1}{2} X^{(2)}$，即 X 是 $X^{(1)}$、$X^{(2)}$ 连线的中点。

当 μ 充分小时，可保证

$$x_i + \mu_i \alpha_i \geqslant 0, \quad i = 1, 2, \cdots, m$$

即 $X^{(1)}$、$X^{(2)}$ 是可行解。这证明了 X 不是可行域 D 的顶点。

(2) 若 X 不是可行域 D 的顶点，则它一定不是基可行解。

因为 X 不是可行域 D 的顶点，故在可行域 D 中可找到不同的两点

$$X^{(1)} = (x_1^{(1)}, x_2^{(1)}, \cdots, x_n^{(1)})^T$$

$$X^{(2)} = (x_1^{(2)}, x_2^{(2)}, \cdots, x_n^{(2)})^T$$

使

$$X = \alpha X^{(1)} + (1 - \alpha) X^{(2)} (0 < \alpha < 1)$$

设 X 是基可行解，对应向量组 P_1，P_2，$\cdots$，P_m 线性独立。当 $j > m$ 时，有 $x_j = x_j^{(1)} = x_j^{(2)} = 0$，由于 $X^{(1)}$、$X^{(2)}$ 是可行域的两点。应满足

$$\sum_{j=1}^{m} P_j x_j^{(1)} = b \qquad 与 \qquad \sum_{j=1}^{n} P_j x_j^{(2)} = b$$

将这两式相减，即得

$$\sum_{j=1}^{m} P_j (x_j^{(1)} - x_j^{(2)}) = 0$$

因为 $X^{(1)} \neq X^{(2)}$，所以上式系数 $(x_j^{(1)} - x_j^{(2)})$ 不全为零，故向量组 P_1，P_2，$\cdots$，P_m 线性相关，与假设矛盾，即 X 不是基可行解。

引理 2 若 K 是有界凸集，则任何一点 $X \in K$ 可表示为 K 的顶点的凸组合。

定理 3 若可行域有界，线性规划问题的目标函数一定可以在其可行域的顶点上达到最优。

证 设 $X^{(1)}$，$X^{(2)}$，$\cdots$，$X^{(k)}$ 是可行域的顶点，若 $X^{(0)}$ 不是顶点，且目标函数在 $X^{(0)}$ 处达到最优 $z^* = CX^{(0)}$（标准型是 $z^* = \max z$）。

因 $X^{(0)}$ 不是顶点，所以它可以用 D 的顶点线性表示为

$$X^{(0)} = \sum_{i=1}^{k} \alpha_i X^{(i)}, \quad \alpha_i > 0, \quad \sum_{i=1}^{k} \alpha_i = 1$$

因此

$$CX^{(0)} = C \sum_{i=1}^{k} \alpha_i X^{(i)} = \sum_{i=1}^{k} \alpha_i CX^{(i)} \qquad\qquad (1 - 34)$$

在所有的顶点中必然能找到某一个顶点 $X^{(m)}$，使 $CX^{(m)}$ 是所有 $CX^{(i)}$ 中最大者。并且将 $X^{(m)}$ 代替式 $(1 - 34)$ 中的所有 $X^{(i)}$，这就得到

$$\sum_{i=1}^{k} \alpha_i CX^{(i)} \leqslant \sum_{i=1}^{k} \alpha_i CX^{(m)} = CX^{(m)}$$

由此得到

$$CX^{(0)} \leqslant CX^{(m)}$$

根据假设 $CX^{(0)}$ 是最大值，所以只能有

$$CX^{(0)} = CX^{(m)}$$

即目标函数在顶点 $X^{(m)}$ 处也达到最大值。

有时目标函数可能在多个顶点处达到最大值。这时在这些顶点的凸组合上也达到最大值，称这种线性规划问题有无限多个最优解。

假设 $\hat{X}^{(1)}$，$\hat{X}^{(2)}$，$\cdots$，$\hat{X}^{(k)}$ 是目标函数达到最大值的顶点，若 $\hat{X}$ 是这些顶点的凸组合，即

$$\hat{X} = \sum_{i=1}^{k} \alpha_i \hat{X}^{(i)}, \quad \alpha_i > 0, \quad \sum_{i=1}^{k} \alpha_i = 1$$

于是

$$C\hat{X} = C\sum_{i=1}^{k}\alpha_i\hat{X}^{(i)} = \sum_{i=1}^{k}\alpha_i C\hat{X}^{(i)}$$

设

$$C\hat{X}^{(i)} = m, \quad i = 1, 2, \cdots, k$$

于是

$$C\hat{X} = \sum_{i=1}^{k}\alpha_i m = m$$

另外，若可行域为无界，则可能无最优解，也可能有最优解，若有也必定在某顶点上得到。根据以上讨论，可以得到以下结论：

线性规划问题的所有可行解构成的集合是凸集，也可能为无界域，它们有有限个顶点，线性规划问题的每个基可行解对应可行域的一个顶点；若线性规划问题有最优解，必在某顶点上得到。虽然顶点数目是有限的(它不大于 C_n^m 个)，若采用"枚举法"找所有基可行解，然后——比较，最终可能找到最优解。但当 n、m 的数较大时，这种办法是行不通的，单纯形法是有效地找到最优解的方法之一。

1.9.2 推广应用

一般讲，一个经济管理问题凡满足以下条件时，才能建立线性规划的模型。

(1) 要求解问题的目标函数能用数值指标来反映，且为线性函数；

(2) 存在着多种方案；

(3) 要求达到的目标是在一定约束条件下实现的，这些约束条件可用线性等式或不等式来描述。

对满足上述条件的实际问题，能否成功地应用线性规划进行解决，关键在于能否恰当地建立其线性规划模型。由于实际问题的复杂，这往往是最困难的工作。本节仅介绍线性规划在经济管理等方面的几种典型应用问题，以便读者对线性规划的应用概况有个初步了解。限于篇幅原因，例题中只给出建模过程，读者可自行计算检验。

【例 1 - 12】套裁下料问题

现要做 100 套钢架，每套用长为 2.9 米、2.1 米和 1.5 米的圆钢各一根。已知原料长 7.4 米。问应如何下料，使用的原材料最省？

解 最简单的做法是，在每一根原材料上截取 2.9 米、2.1 米和 1.5 米的圆钢各一根组成一套，每根原材料剩下料头 0.9 米。为了做 100 套钢架，需用原材料 100 根，有 90 米料头。若改为用套裁则可以节约不少原材料。下面有几种套裁方案，都可以考虑采用，见表 1 - 13。

表 1 - 13　　　　　　　　　　　　　　套裁方案表

长度(米) ＼ 下料根数(根)	方　案				
	I	II	III	IV	V
2.9	1	2	0	1	0
2.1	0	0	2	2	1

表1-13(续)

下料根数(根) 长度(米)	方 案				
	I	II	III	IV	V
1.5	3	1	2	0	3
合计	7.4	7.3	7.2	7.1	6.6
料头	0	0.1	0.2	0.3	0.8

为了得到100套钢架，需要混合使用各种下料方案。设按 I 方案下料的原材料根数为 x_1，II 方案为 x_2，III 方案为 x_3，IV 方案为 x_4，V 方案为 x_5。根据表 1 - 13 的方案，可列出以下数学模型：

$$\min z = 0 x_1 + 0.1 x_2 + 0.2 x_3 + 0.3 x_4 + 0.8 x5$$

约束条件： $x_1 + 2 x_2 + x_4 = 100$

$2 x_3 + 2 x_4 + x_5 = 100$

$3 x_1 + x_2 + 2 x_3 + 3 x_5 = 100$

$x_1 、 x_2 、 x_3 、 x_4 、 x_5 \geqslant 0$

由计算得到最优下料方案是：按 I 方案下料30根；II 方案下料10根；IV 方案下料 50 根。即需 90 根原材料可以制造 100 套钢架。

【例 1 - 13】配料问题。

某工厂要用三种原材料 C、P、H 混合调配出三种不同规格的产品 A、B、D。已知产品的规格要求、产品单价、每天能供应的原材料数量及原材料单价，分别见表 1 - 14 和表 1 - 15。该厂应如何安排生产，使利润收入为最大？

表 1 - 14　　　　　　　　　　产品 A、B、D 规格表

产品名称	规格要求	单价(元/千克)
A	原材料 C 不少于 50%	50
	原材料 P 不超过 25%	
B	原材料 C 不少于 25%	35
	原材料 P 不超过 50%	
D	不限	25

表 1 - 15　　　　　　　　　原材料 C、P、H 供应量及单价表

原材料名称	每天最多供应量(千克)	单价(元/千克)
C	100	65
P	100	25
H	60	35

解　如以 A_C 表示产品 A 中 C 的成分，A_P 表示产品 A 中 P 的成分，依次类推。

根据表 1 – 14 有：

$$A_C \geq A/2, \quad A_P \leq A/4, \quad B_C \geq B/4, \quad B_P \leq B/2 \qquad (1-35)$$

这里

$$A_C + A_P + A_H = A \qquad (1-36)$$
$$B_C + B_P + B_H = B$$

将式 (1 – 35) 逐个代入式 (1 – 36) 并整理得到

$$-\frac{1}{2}A_C + \frac{1}{2}A_P + \frac{1}{2}A_H \leq 0$$

$$-\frac{1}{4}A_C + \frac{3}{4}A_P - \frac{1}{4}A_H \leq 0$$

$$-\frac{3}{4}B_C + \frac{1}{4}B_P + \frac{1}{4}B_H \leq 0$$

$$-\frac{1}{2}B_C + \frac{1}{2}B_P - \frac{1}{2}B_H \leq 0$$

表 1 – 14 表明这些原材料供应数量的限额。加入到产品 A、B、D 的原材料 C 总量每天不超过 100 千克，P 的总量不超过 100 千克，H 总量不超过 60 千克。由此

$$A_C + B_C + D_C \leq 100$$
$$A_P + B_P + D_P \leq 100$$
$$A_H + B_H + D_H \leq 60$$

在约束条件中共有 9 个变量，为计算和叙述方便，分别用 x_1，…，x_9 表示。令

$$x_1 = A_C \quad x_2 = A_P \quad x_3 = A_H$$
$$x_4 = B_C \quad x_5 = B_P \quad x_6 = B_H$$
$$x_7 = D_C \quad x_8 = D_P \quad x_9 = D_H$$

由此约束条件可表示为：

$$\begin{cases} -\dfrac{1}{2}x_1 + \dfrac{1}{2}x_2 + \dfrac{1}{2}x_3 \leq 0 \\[2mm] -\dfrac{1}{4}x_1 + \dfrac{3}{4}x_2 - \dfrac{1}{4}x_3 \leq 0 \\[2mm] -\dfrac{3}{4}x_4 + \dfrac{1}{4}x_5 + \dfrac{1}{4}x_6 \leq 0 \\[2mm] -\dfrac{1}{2}x_4 + \dfrac{1}{2}x_5 - \dfrac{1}{2}x_6 \leq 0 \\[2mm] x_1 + x_4 + x_7 \leq 100 \\[2mm] x_2 + x_5 + x_8 \leq 100 \\[2mm] x_3 + x_6 + x_9 \leq 60 \\[2mm] x_1, x_2, \cdots, x_9 \geq 0 \end{cases}$$

我们的目的是使利润最大，即产品价格减去原材料的价格为最大。

产品价格为： $50(x_1 + x_2 + x_3)$———产品 A

$\qquad\qquad\quad\ 35(x_4 + x_5 + x_6)$———产品 B

$\qquad\qquad\quad\ 25(x_7 + x_8 + x_9)$———产品 D

原材料价格为： $65(x_1 + x_4 + x_7)$———原材料 C

$\qquad\qquad\quad\ 25(x_2 + x_5 + x_8)$———原材料 P

$\qquad\qquad\quad\ 35(x_3 + x_6 + x_9)$———原材料 H

目标函数

$$\max z = 50(x_1 + x_2 + x_3) + 35(x_4 + x_5 + x_6) + 25(x_7 + x_8 + x_9)$$
$$- 65(x_1 + x_4 + x_7) - 25(x_2 + x_5 + x_8) - 35(x_3 + x_6 + x_9)$$
$$= -15x_1 + 25x_2 + 15x_3 - 30x_4 + 10x_5 - 40x_7 - 10x_9$$

用单纯形法计算，计算结果是：每天只生产产品 A 为 200 千克，分别需要用原料 C 为 100 千克；P 为 50 千克；H 为 50 千克。

总的利润收入是 $z = 500$ 元／天。

【例 1－14】人力资源分配问题。

某昼夜服务的公交线路每天各时间段内所需司机和乘务人员人数，如表 1－16 所示。

表 1－16 　　　　　　　　　　某公交线路安排表

班　次	时　　间	所需人数	班　　次	时　　间	所需人数
1	6:00 ~ 10:00	60	4	18:00 ~ 22:00	50
2	10:00 ~ 14:00	70	5	22:00 ~ 2:00	20
3	14:00 ~ 18:00	60	6	2:00 ~ 6:00	30

设司机和乘务人员分别在各时间段开始时上班，并连续工作 8 小时，问该公交线路应怎样安排司机和乘务人员，既能满足工作需要，又使配备司机和乘务人员的人数最少？

解 设 x_i 表示第 i 班次时开始上班的司机和乘务人员人数，这样可以知道在第 i 班次工作的人数应包括第 $i-1$ 班次时开始上班的人数和第 i 班次时开始上班的人数，如有 $x_1 + x_2 \geq 70$。又要求这六个班次开始上班时的所有人员最少，即要求 $x_1 + x_2 + x_3 + x_4 + x_5 + x_6$ 最小，这样建立如下的数学模型：

$$\min f = x_1 + x_2 + x_3 + x_4 + x_5 + x_6$$

约束条件：

$$x_1 + x_6 \geq 60$$
$$x_1 + x_2 \geq 70$$
$$x_2 + x_3 \geq 60$$
$$x_3 + x_4 \geq 50$$
$$x_4 + x_5 \geq 20$$
$$x_5 + x_6 \geq 30$$
$$x_1 、 x_2 、 x_3 、 x_4 、 x_5 、 x_6 \geq 0$$

经计算，结果是：$x_1 = 50$，$x_2 = 20$，$x_3 = 50$，$x_4 = 0$，$x_5 = 20$，$x_6 = 10$，一共需要司机和乘务人员 150 人。

【例 1 - 15】 生产与库存的优化安排。

某工厂生产五种产品($i = 1，2，\cdots，5$)，上半年各月对每种产品的最大市场需求量为 $d_{ij}(i = 1，2，\cdots，5；j = 1，2，\cdots，6)$。已知每件产品的单件售价为 S_i 元，生产每件产品所需要工时为 a_i，单件成本为 C_i 元；该工厂上半年各月正常生产工时为 $r_j(j = 1，2，\cdots，6)$，各月内允许的最大加班工时为 r'_j；C'_i 为加班单件成本。又每月生产的各种产品如当月销售不完，可以库存。库存费用为 H_i(元／件·月)。假设 1 月初所有产品的库存为零，要求 6 月底各产品库存量分别为 k_i 件。现要求为该工厂制定一个生产计划，在尽可能利用生产能力的条件下，获取最大利润。

解 设 x_{ij}，x'_{ij} 分别为该工厂第 i 种产品的第 j 个月在正常时间和加班时间内的生产量；y_{ij} 为 i 种产品在第 j 月的销售量，w_{ij} 为第 i 种产品第 j 月末的库存量。根据题意，可用以下模型描述：

(1) 各种产品每月的生产量不能超过允许的生产能力，表示为：

$$\sum_{i=1}^{5} a_i x_{ij} \leq r_j (j = 1，2，\cdots，6)$$

$$\sum_{i=1}^{5} a_i x'_{ij} \leq r'_j (j = 1，2，\cdots，6)$$

(2) 各种产品每月销售量不超过市场最大需求量

$$y_{ij} \leq d_{ij} (i = 1，2，\cdots，5；j = 1，2，\cdots，6)$$

(3) 每月末库存量等于上月末库存量加上该月产量减掉当月的销售量

$$w_{ij} = w_{i, j-1} + x_{ij} + x'_{ij} - y_{ij} (i = 1，2，\cdots，5；j = 1，2，\cdots，6)$$

其中 $w_{i0} = 0$，$w_{ij} = k_i$

(4) 满足各变量的非负约束

$$x_{ij} \geq 0，x'_{ij} \geq 0，y_{ij} \geq 0，(i = 1，2，\cdots，5；j = 1，2，\cdots，6)$$

$$w_{ij} \geq 0 \quad (i = 1，2，\cdots，5；j = 1，2，\cdots，5)$$

(5) 该工厂上半年总盈利最大可表示为：

目标函数

$$\max z = \sum_{i=1}^{5} \sum_{j=1}^{6} [S_i y_{ij} - C_i x_{ij} - C'_i x'_{ij}] - \sum_{i=1}^{5} \sum_{j=1}^{5} H_i w_{ij}$$

【例 1 - 16】 连续投资问题。

某部门在今后五年内考虑向下列项目投资：

项目 A，从第一年到第四年每年年初需要投资，并于次年年末回收本利 115%；

项目 B，第三年初需要投资，到第五年年末能回收本利 125%，但规定最大投资额不超过 4 万元；

项目 C，第二年初需要投资，到第五年年末能回收本利 140%，但规定最大投资额不超过 3 万元；

项目 D，五年内每年年初可购买公债，于当年年末归还，并加利息 6%。

该部门现有资金 10 万元。问它应如何确定每年向这些项目的投资额，使到第五年年末拥有的资金的本利总额为最大？

解 这是一个连续投资问题。

（1）确定变量。

以 x_{ij} 分别表示第 i 年年初给项目 j 的投资额，它们都是待定的未知变量。根据给定的条件，将变量列于表 1-17 中。

表 1-17　　　　　　　　　　　投资额分配表

项目	1	2	3	4	5
A	x_{1A}	x_{2A}	x_{3A}	x_{4A}	
B			x_{3B}		
C		x_{2C}			
D	x_{1D}	x_{2D}	x_{3D}	x_{4D}	x_{5D}

（2）投资额应等于手中拥有的资金额。

由于项目 D 每年都可以投资，并且当年年末即能回收本息。所以该部门每年应把资金全部投出去，手中不应当有剩余的呆滞资金。因此

第一年：该部门年初拥有 100 000 元，所以有

$$x_{1A} + x_{1D} = 100\ 000$$

第二年：因第一年给项目 A 的投资要到第二年年末才能回收，所以该部门在第二年年初拥有资金额仅为项目 D 在第一年回收的本息 $x_{1D}(1 + 6\%)$。于是第二年的投资分配是

$$x_{2A} + x_{2C} + x_{2D} = 1.06x_{1D}$$

第三年：第三年初的资金额是从项目 A 第一年投资及项目 D 第二年投资中回收的本利总和：$x_{1A}(1 + 15\%)$ 及 $x_{2D}(1 + 6\%)$。于是第三年的资金分配为

$$x_{3A} + x_{3B} + x_{3D} = 1.15x_{1A} + 1.06x_{2D}$$

第四年：同以上分析，可得

$$x_{4A} + x_{4D} = 1.15x_{2A} + 1.06x_{3D}$$

第五年：

$$x_{5D} = 1.15x_{3A} + 1.06x_{4D}$$

此外，由于对项目 B、C 的投资有限额的规定，即：

$$x_{3B} \leqslant 40\ 000$$

$$x_{2C} \leqslant 30\ 000$$

（3）目标函数。

问题是要求在第五年年末该部门手中拥有的资金额达到最大，这个目标函数可表示为

$$\max z = 1.15x_{4A} + 1.40x_{2C} + 1.25x_{3B} + 1.06x_{5D}$$

（4）数学模型。

经过以上分析，这个与时间有关的投资问题可以用以下线性规划模型来描述：

$$\max z = 1.15x_{4A} + 1.40x_{2C} + 1.25x_{3B} + 1.06x_{5D}$$

满足约束条件

$$
\begin{cases}
x_{1A} + x_{1D} = 100\,000 \\
-1.06x_{1D} + x_{2A} + x_{2C} + x_{2D} = 0 \\
-1.15x_{1A} - 1.06x_{2D} + x_{3A} + x_{3B} + x_{3D} = 0 \\
-1.15x_{2A} - 1.06x_{3D} + x_{4A} + x_{4D} = 0 \\
-1.15x_{3A} - 1.06x_{4D} + x_{5D} = 0 \\
x_{2C} \leqslant 30\,000 \\
x_{3B} \leqslant 40\,000 \\
x_{ij} \geqslant 0
\end{cases}
$$

（5）用单纯形法计算结果。

第一年：$x_{1A} = 34\,783$ 元，$x_{1D} = 65\,217$ 元

第二年：$x_{2A} = 39\,130$ 元，$x_{2C} = 30\,000$ 元，$x_{2D} = 0$

第三年：$x_{3A} = 0$，$x_{3B} = 40\,000$ 元，$x_{3D} = 0$

第四年：$x_{4A} = 45\,000$ 元，$x_{4D} = 0$

第五年：$x_{5D} = 0$

到第五年年末该部门拥有资金总额为 143 750 元，即盈利 43.75%。

习　题

1.1　用图解法求解下列线性规划问题，并指出问题是具有唯一最优解、无穷多最优解、无界解还是无可行解。

（1）$\max z = x_1 + 3x_2$

$$
\begin{cases}
5x_1 + 10x_2 \leqslant 50 \\
x_1 + x_2 \geqslant 1 \\
x_2 \leqslant 4 \\
x_1,\ x_2 \geqslant 0
\end{cases}
$$

（2）$\max z = x_1 + x_2$

$$
\begin{cases}
x_1 - x_2 \geqslant 0 \\
3x_1 - x_2 \leqslant -3 \\
x_1,\ x_2 \geqslant 0
\end{cases}
$$

1.2　将下列线性规划问题变换成标准型，并列出初始单纯形表。

（1）$\min z = -3x_1 + 4x_2 - 2x_3 + 5x_4$

$$
\begin{cases}
4x_1 - x_2 + 2x_3 - x_4 = -2 \\
x_1 + x_2 + 3x_3 - x_4 \geqslant 14 \\
-2x_1 + 3x_2 - x_3 + 2x_4 \geqslant 2 \\
x_1,\ x_2,\ x_3 \geqslant 0,\ x_4 \text{ 无约束}
\end{cases}
$$

（2）$\max s = z_k/p_k$

$$\begin{cases} z_k = \sum_{i=1}^{n} \sum_{k=1}^{m} a_{ik} x_{ik} \\ \sum_{k=1}^{m} - x_{ik} = -1 (i = 1, \cdots, n) \\ x_{ik} \geqslant 0 (i = 1, \cdots, n; ? \ k = 1, \cdots, m) \end{cases}$$

1.3 不完全初始单纯形表，如表 1 - 18 所示。

表 1 - 18

c_j			6	30	25	0	0	0
C_B	X_B	b	x_1	x_2	x_3	x_4	x_5	x_6
		40	3	1	0	1	0	0
		50	0	2	1	0	1	0
		20	2	1	− 1	0	0	1
	z_j							

（1）把上面的表格填写完整。

（2）按照上面的完整表格，写出线性规划模型。

（3）在进行第 1 次迭代时，请确定其进基变量和离基变量，说明理由，并在表格上标出主元。

1.4 分别用图解法和单纯形法求解下列线性规划问题，并指出单纯形法迭代的每一步相当于图形上哪一个顶点。

（1）$\max z = 10x_1 + 5x_2$

$$\begin{cases} 3x_1 + 4x_2 \leqslant 9 \\ 5x_1 + 2x_2 \leqslant 8 \\ x_1, \ x_2 \geqslant 0 \end{cases}$$

（2）$\max z = 2x_1 + x_2$

$$\begin{cases} x_2 \leqslant 3 \\ 6x_1 + 2x_2 \leqslant 24 \\ x_1 - x_2 \leqslant 5 \\ x_1, \ x_2 \geqslant 0 \end{cases}$$

1.5 用单纯形法求解下列线性规划问题。

（1）$\min \omega = 2x_1 + 3x_2 + x_3$

$$\begin{cases} x_1 + 4x_2 + 2x_3 \geqslant 8 \\ 3x_1 + 2x_2 \geqslant 6 \\ x_1, \ x_2, \ x_3 \geqslant 0 \end{cases}$$

（2）$\max z = 10x_1 + 15x_2 + 12x_3$

$$\begin{cases} 5x_1 + 3x_2 + x_3 \leqslant 9 \\ - 5x_1 + 6x_2 + 15x_3 \leqslant 15 \\ 2x_1 + x_2 + x_3 \geqslant 15 \\ x_1, \ x_2, \ x_3 \geqslant 0 \end{cases}$$

1.6 分别用大 M 法和两阶段法求解下述线性规划问题，并指出属哪一类解。

（1）$\min \omega = 2x_1 + 3x_2 - 5x_3$

$$\begin{cases} x_1 + x_2 + x_3 = 7 \\ 2x_1 - 5x_2 + x_3 \geqslant 10 \\ x_1, \ x_2, \ x_3 \geqslant 0 \end{cases}$$

（2）$\max z = 2x_1 - x_2 + 2x_3$

$$\begin{cases} x_1 + x_2 + x_3 \geqslant 6 \\ -2x_1 + x_3 \geqslant 2 \\ 2x_2 - x_3 \geqslant 0 \\ x_1, \ x_2, \ x_3 \geqslant 0 \end{cases}$$

1.7 某锅炉制造厂，要制造一种新型锅炉 10 台，需要原材料直径为 63.5 毫米的锅炉钢管，每台锅炉需要不同长度的锅炉钢管数量如表 1 - 19 所示。

表 1 - 19　　　　　　　　　　　　锅炉钢管数量表

规格（毫米）	需要数量（根）	规格（毫米）	需要数量（根）
2640	8	1770	42
1651	35	1440	1

库存的原材料的长度只有 5500 毫米一种规格，问如何下料，才能使总的用料根数最少？需要多少根原材料？

1.8 在一地块上种植某种农作物。根据以往经验，在其生长过程中至少需要氮 32 千克，磷以 24 千克为宜，钾不得超过 42 千克。现有四种肥料，其单价及氮磷钾含量（%）如表 1 - 20 所示。问在该地块上施用这四种肥料各多少千克，才能满足该农作物对氮、磷、钾的需要，又使施肥的总成本最低？

表 1 - 20　　　　　　　　　　　　肥料含量明细表

肥料	甲	乙	丙	丁
氮	3%	30%	0	15%
磷	5%	0	20%	10%
钾	14%	0	0	7%
单价（元／千克）	0.04	0.15	0.10	0.13

1.9 某厂生产三种产品 Ⅰ、Ⅱ、Ⅲ。每种产品要经过 A、B 两道工序加工。设该厂有两种规格的设备能完成 A 工序，它们以 A_1、A_2 表示；有三种规格的设备能完成 B 工序，它们以 B_1、B_2、B_3 表示。产品 Ⅰ 可在 A、B 任何一种规格设备上加工。产品 Ⅱ 可在任何规格的 A 设备上加工，但完成 B 工序时，只能在 B_1 设备上加工；产品 Ⅲ 只能在 A_2 与 B_2 设备上加工。已知在各种机床设备的单件工时、原材料费、产品销售价格、各种设备有效台时以及满负荷操作时机床设备的费用如表 1 - 21，要求安排最优的生产计

划，使该厂利润最大。

表 1 - 21   机床设备明细表

设 备	产 品			设备有效台时	满负荷时的设备费用(元)
	I	II	III		
A_1	5	10		6000	300
A_2	7	9	12	10 000	321
B_1	6	8		4000	250
B_2	4		11	7000	783
B_3	7			4000	200
原料费(元/件)	0.25	0.35	0.50		
单价(元/件)	1.25	2.00	2.80		

1.10 某咨询公司受厂商的委托对新上市的一种产品进行消费者反应的调查。该公司采用了挨户调查的方法，委托他们调查的厂商以及该公司的市场研究专家对该调查提出下列几点要求：

(1) 必须调查 2000 户家庭；

(2) 在晚上调查的户数和白天调查的户数相等；

(3) 至少应调查 700 户有孩子的家庭；

(4) 至少应调查 450 户无孩子的家庭。

调查一户家庭所需费用如表 1 - 22 所示。试确定白天和晚上调查这两种家庭的户数，使得总调查费最少。

表 1 - 22   调查一户家庭所需费用表

家 庭	白天调查	晚上调查
有孩子	25 元	30 元
无孩子	20 元	24 元

案   例

长征医院的护士值班计划

长征医院是长宁市的一所区级医院，该院每天各时间区段内的值班护士需求数如表 1 - 23 所示。

表 1 - 23   长征医院护士值班安排表

时间区段	6:00 ~ 10:00	10:00 ~ 14:00	14:00 ~ 18:00	18:00 ~ 22:00	22:00 ~ 6:00(次日)
需求数	18	20	19	17	12

　　该医院护士上班分五个班次，每班 8 小时，具体上班时间为第一班 2:00 ~ 10:00，第二班 6:00 ~ 14:00，第三班 10:00 ~ 18:00，第四班 14:00 ~ 22:00，第五班 18:00 ~ 2:00（次日）。每名护士每周上 5 个班，并被安排在不同日子。有一名护士长负责护士的值班安排。值班方案要做到在人员或经济上比较节省，又做到尽可能合情合理。下面是一些正在考虑中的值班方案：

　　方案 1　每名护士连续上班 5 天，休息 2 天，并从上班第一天起按从上第一班到第五班顺序安排。例如一名护士从周一开始上班，则她于周一上第一班，周二上第二班……周五上第五班；另一名护士若从周三起上班，则她于周三上第一班，周四上第二班……周日上第五班，等等。

　　方案 2　考虑到按上述方案中每名护士在周末两天内休息安排不均匀，于是规定每名护士在周六、周日两天内安排一天且只安排一天休息，再在周一至周五期间安排 4 个班，同样上班的五天内分别顺序安排 5 个不同班次。

　　在对第 1、第 2 方案建立线性规划模型并求解后，发现方案 2 虽然在安排周末休息上比较合理，但所需值班人数要比第 1 方案有所增加，经济上不太合算，于是又提出了第 3 方案。

　　方案 3　在方案 2 基础上，动员一部分护士放弃周末休息，即每周在周一至周五间由护士长给安排三天值班，加周六周日共上 5 个班，同样 5 个班分别安排不同班次。作为奖励，规定放弃周末休息的护士，其工资和奖金总额比其他护士增加 $a\%$。

　　根据上述，帮助长征医院的总护士长分析研究：

　　(1) 对方案 1、方案 2 建立使值班护士人数为最少的线性规划模型并求解；

　　(2) 对方案 3，同样建立使值班护士人数为最少的线性规划模型并求解，然后回答 a 的值为多大时，第 3 方案较第 2 方案更经济。

2 对偶问题

2.1 对偶问题的提出

在第1章例1－1中讨论了工厂生产计划模型及其解法，现从另一角度来讨论这个问题。假设该工厂的决策者决定不生产产品 Ⅰ、Ⅱ，而将其所有资源出租或外售。这时工厂的决策者就要考虑给每种资源如何定价的问题。设用 y_1、y_2、y_3 分别表示出租单位设备台时的租金和出让单位原材料 A、B 的附加额。他在做定价决策时，做如下比较：若用1个单位设备台时和4个单位原材料 A 可以生产一件产品 Ⅰ，可获利2元，那么生产每件产品 Ⅰ 的设备台时和原材料出租或出让的所有收入应不低于生产一件产品 Ⅰ 的利润，这就有

$$y_1 + 4y_2 \geqslant 2$$

同理将生产每件产品 Ⅱ 的设备台时和原材料出租或出让的所有收入应不低于生产一件产品 Ⅱ 的利润，这就有

$$2y_1 + 4y_3 \geqslant 3$$

把工厂所有设备台时和资源都出租或出让，其收入为

$$\omega = 8y_1 + 16y_2 + 12y_3$$

从工厂的决策者来看 ω 愈大愈好，但从接受者来看他的支付愈少愈好，所以工厂的决策者只能在满足大于等于所有产品的利润条件下，提出一个尽可能低的出租或出让价格，才能实现其原意，为此需解如下的线性规划问题

$$\min \omega = 8y_1 + 16y_2 + 12y_3$$

$$\text{s. t.} \begin{cases} y_1 + 4y_2 \geqslant 2 \\ 2y_1 + 4y_3 \geqslant 3 \\ y_1, \ y_2, \ y_3 \geqslant 0 \end{cases} \tag{2-1}$$

称这个线性规划问题为例1－1线性规划问题（这里称原问题）的对偶问题。

一般可将范例原型写成如下矩阵形式：

$$(P_1): \quad \begin{array}{l} \max \ z = CX \\ \text{s. t.} \begin{cases} AX \leqslant b \\ X \geqslant 0 \end{cases} \end{array} \tag{2-2}$$

而其对偶问题的矩阵形式为

$$\min \omega = b^T Y$$

$$(D_1): \quad \text{s. t.} \begin{cases} A^T Y \geqslant C^T \\ Y \geqslant 0 \end{cases} \qquad\qquad (2-3)$$

其中

$$Y = (y_1, y_2, \cdots, y_m)^T$$

它所含分量的个数为 A 阵行数 m，而式(2 - 2)中向量 X 所含分量个数为 A 阵列数 n。

我们称式(2 - 2)给出的线性规划问题(P_1)为原问题，称式(2 - 3)给出的线性规划问题(D_1)为原问题(P_1)的对偶问题。实际上，(P_1)也是(D_1)的对偶问题，这时称(D_1)为原问题。也就是，(P_1)与(D_1)互为对偶问题。

从这两个规划问题的表达式可看出：根据原线性规划问题的系数矩阵 A、C、b 就可以写出它的对偶问题。如第 1 章的例 1 - 1，原线性规划问题的各系数矩阵是

$$A = \begin{bmatrix} 1 & 2 \\ 4 & 0 \\ 0 & 4 \end{bmatrix}; \quad C = (2, 3); \quad b = \begin{bmatrix} 8 \\ 16 \\ 12 \end{bmatrix}$$

那么它的对偶问题便是

$$\min \omega = Y(8, 16, 12)^T$$

$$\text{s. t.} \begin{cases} Y \begin{bmatrix} 1 & 2 \\ 4 & 0 \\ 0 & 4 \end{bmatrix} \geqslant (2, 3) \\ \\ \\ Y \geqslant 0 \\ Y = (y_1, y_2, y_3) \end{cases}$$

即

$$\min \omega = 8y_1 + 16y_2 + 12y_3$$

$$\text{s. t.} \begin{cases} y_1 + 4y_2 \geqslant 2 \\ 2y_1 + 4y_3 \geqslant 3 \\ y_1, y_2, y_3 \geqslant 0 \end{cases}$$

2.2 对称和非对称对偶线性规划

在前一节我们提出了线性规划的对偶问题，并初步了解到它与原问题的关系，本节将进一步讨论线性规划的对偶关系。

关系 1　对称对偶

对于"≤"不等式约束条件的原问题与"≥"不等式约束条件的对偶问题的展开形式是

原问题：

$$\max z = c_1 x_1 + c_2 x_2 + \cdots + c_n x_n$$

$$\begin{bmatrix} a_{11} & a_{12} & \cdots & a_{1n} \\ & & & \\ a_{m1} & a_{m2} & \cdots & a_{mn} \end{bmatrix} \begin{bmatrix} x_1 \\ x_2 \\ \vdots \\ x_n \end{bmatrix} \leqslant \begin{bmatrix} b_1 \\ \vdots \\ b_m \end{bmatrix}$$

$$x_1, x_2, \cdots, x_n \geqslant 0$$

对偶问题：

$$\min \omega = b_1 y_1 + b_2 y_2 + \cdots + b_n y_n$$

$$(y_1, y_2, \cdots, y_m) \begin{bmatrix} a_{11} & a_{12} & \cdots & a_{1n} \\ & & & \\ a_{m1} & a_{m2} & \cdots & a_{mn} \end{bmatrix} \geqslant (c_1, c_2, \cdots, c_n)$$

$$y_1, y_2, \cdots, y_m \geqslant 0$$

以上是原问题与对偶问题的标准形式，它们之间的关系可以用表 2 - 1 表示。

表 2 - 1

x_i ╱ y_j	$x_1 \geqslant 0$	$x_2 \geqslant 0$		$x_n \geqslant 0$	原关系	$\min \omega$
$y_1 \geqslant 0$	a_{11}	a_{12}	$\cdots$	a_{1n}	$\leqslant$	b_1
$y_2 \geqslant 0$	a_{21}	a_{22}	$\cdots$	a_{2n}	$\leqslant$	b_2
$y_m \geqslant 0$	a_{m1}	a_{m2}	$\cdots$	a_{mn}	$\leqslant$	b_m
对偶关系	$\geqslant$	$\geqslant$		$\geqslant$		$\max z = \min \omega$
$\max z$	c_1	c_2	$\cdots$	c_n		

表 2 - 1 是将原问题与对偶问题的关系汇总于一个表中，从正面看是原问题，将它转 90°后看是对偶问题。若将第 1 章的原线性规划的系数列成如表 2 - 1 的形式，就是表 2 - 2。

【例 2 - 1】根据表 2 - 2 写出原问题与对偶问题的表达式。

表 2 - 2

x_i ╱ y_j	x_1	x_2	b
y_1	1	2	8
y_2	4	0	16
y_3	0	4	12
c	2	3	

解 原问题

$$\max z = 2x_1 + 3x_2$$

$$\begin{cases} x_1 + 2x_2 \leqslant 8 \\ 4x_1 \leqslant 16 \\ 4x_2 \leqslant 12 \\ x_1, \ x_2 \geqslant 0 \end{cases}$$

对偶问题

$$\min \ \omega = 8y_1 + 16y_2 + 12y_3$$

$$\begin{cases} y_1 + 4y_2 \geqslant 2 \\ 2y_1 + 4y_3 \geqslant 3 \\ y_1, \ y_2, \ y_3 \geqslant 0 \end{cases}$$

将上述原问题与对偶问题之间的变换关系成为对称对偶关系。当一个线性规划问题属于(P_1)或(D_1)的形式时，可以按照表2-1写出其对偶问题。但是关系1没有给出标准型线性规划问题的对偶问题及其相互间的对偶关系。这将由关系2回答。

关系2 非对称对偶

下述两个线性规划问题互相对偶：

$$\max \ z = CX$$

$$(P_2): \quad \text{s. t.} \begin{cases} AX = b \\ X \geqslant 0 \end{cases} \tag{2-4}$$

而其对偶问题的矩阵形式为

$$\min \ \omega = b^T Y$$

$$(D_2): \quad \text{s. t.} \begin{cases} A^T Y \geqslant C^T \\ Y \ \text{无约束} \end{cases} \tag{2-5}$$

关系2也可用一个表格直观地加以描述，这只须把表2-1中"原关系"列的"$\leqslant$"全都换成"$=$"，并把"$y_j \geqslant 0$"改成"y_j无约束"$(i = 1, 2, \cdots, m)$即可，见表2-3。

表2-3

x_i ╲ y_j	$x_1 \geqslant 0$	$x_2 \geqslant 0$		$x_n \geqslant 0$	原关系	$\min \omega$
y_1 无约束	a_{11}	a_{12}	$\cdots$	a_{1n}	$=$	b_1
y_2 无约束	a_{21}	a_{22}	$\cdots$	a_{2n}	$=$	b_2
			$\cdots$			
y_m 无约束	a_{m1}	a_{m2}	$\cdots$	a_{mn}	$=$	b_m
对偶关系	$\geqslant$	$\geqslant$		$\geqslant$	$\max z = \min \omega$	
$\max z$	c_1	c_2	$\cdots$	c_n		

【例2-2】试写出下述线性规划问题的对偶问题。

$$\max z = 3x_1 - x_2 - 2x_3$$

$$\text{s. t.} \begin{cases} 3x_1 + 2x_2 - 3x_3 = 6 \\ x_1 - 2x_2 + x_3 = 4 \\ x_1, \ x_2, \ x_3 \geqslant 0 \end{cases}$$

解 根据表2-3易写出其对偶问题：

$$\min z = 6y_1 + 4y_2$$

$$\text{s. t.} \begin{cases} 3y_1 + y_2 \geqslant 3 \\ 2y_1 - 2y_2 \geqslant -1 \\ -3y_1 + y_2 \geqslant -2 \\ y_1, \ y_2, \ y_3 \ \text{无约束} \end{cases}$$

综合上述，线性规划的原问题与对偶问题的关系，其变换形式归纳为表 2 - 4 中所示的对应关系。

表 2 - 4

原问题（或对偶问题）	对偶问题（或原问题）
目标函数 max z	目标函数 min ω
变量 $\begin{cases} \geqslant 0 \\ \leqslant 0 \\ \text{无约束} \end{cases}$ n 个	$\begin{cases} \geqslant \\ \leqslant \\ = \end{cases}$ 约束条件 n 个
约束条件 $\begin{cases} \geqslant 0 \\ \leqslant 0 \\ \text{无约束} \end{cases}$ m 个	$\begin{cases} \geqslant 0 \\ \leqslant 0 \\ \text{无约束} \end{cases}$ 变量 m 个
约束条件右端项 目标函数变量的系数	目标函数变量的系数 约束条件右端项

【例 2 - 3】试写出下述线性规划原问题的对偶问题。

$$\min z = 2x_1 + 3x_2 - 5x_3 + x_4$$

$$\text{s. t.} \begin{cases} x_1 + x_2 - 3x_3 + x_4 \geqslant 5 \\ 2x_1 + 2x_3 - x_4 \leqslant 4 \\ x_2 + x_3 + x_4 = 6 \\ x_1, \ x_2, \ x_3, \ x_4 \geqslant 0 \end{cases}$$

解 设对应于三个约束条件的对偶变量分别为 y_1、y_2、y_3，则由表 2 - 4 中原问题和对偶问题的对应关系，可以直接写出上述问题的对偶问题，即

$$\max z' = 5y_1 + 4y_2 + 6y_3$$

$$\text{s. t.} \begin{cases} y_1 + 2y_2 \geqslant 2 \\ y_1 + y_3 \leqslant 3 \\ -3y_1 + 2y_2 + y_3 \leqslant -5 \\ y_1 - y_2 + y_3 = 1 \\ y_1 \geqslant 0, \ y_2 \geqslant 0, \ y_3 \ \text{无约束} \end{cases}$$

2.3　线性规划的对偶理论

线性规划的对偶关系具有一些有用的性质，了解这些性质将有助于进一步加深理解线性规划的基本性质，并为利用对偶理论奠定基础。本节将叙述七条对偶性质。

2.3.1　对称性

对偶问题的对偶是原问题。

证　设原问题是

$$\max z = CX;\ AX \leqslant b;\ X \geqslant 0$$

根据对偶问题的对称变换关系，可以找到它的对偶问题是

$$\min \omega = b^T Y;\ A^T Y \geqslant C^T;\ Y \geqslant 0$$

若将上式两边取负号，又因 $\min \omega = \max (-\omega)$ 可得到

$$\max (-\omega) = -b^T Y;\ -A^T Y \leqslant -C^T;\ Y \geqslant 0$$

根据对称变换关系，得到上式的对偶问题是

$$\min (-z) = -CX;\ -AX \geqslant -b;\ X \geqslant 0$$

又因

$$\min (-z) = \max z$$

可得

$$\max z = CX;\ AX \leqslant b;\ X \geqslant 0$$

这就是原问题。

证毕。

2.3.2　弱对偶性

若 X 是原问题的可行解，Y 是对偶问题的可行解。则存在 $CX \leqslant Y^t b$。

证　设原问题是

$$\max z = CX;\ AX \leqslant b;\ X \geqslant 0$$

因 X 是原问题的可行解，所以满足约束条件，即

$$AX \leqslant b$$

若 Y 是给定的一组值，设它是对偶问题的可行解，将 Y^T 左乘上式，得到

$$Y^T AX \leqslant Y^T b$$

原问题的对偶问题是

$$\min \omega = b^T Y;\ A^T Y \geqslant C^T;\ Y \geqslant 0$$

因为 Y 是对偶问题的可行解，所以满足

$$A^T Y \geqslant C^T$$

将 X^T 左乘上式，得到

$$X^T A^T Y \geqslant X^T C^T$$

转置可得

$$Y^TAX \geqslant CX$$

于是得到

$$CX \leqslant Y^Tb$$

证毕。

2.3.3 无界性

若原问题(对偶问题)为无界解,则其对偶问题(原问题)无可行解。

证 由弱对偶性显然得。

注意,这个问题的性质不存在逆。当原问题(对偶问题)无可行解时,其对偶问题(原问题)或具有无界解或无可行解。例如下述一对问题两者皆无可行解。

原问题(对偶问题)   对偶问题(原问题)

$\min\ \omega = -x_1 - x_2$ $\max z = y_1 + y_2$

s. t. $\begin{cases} x_1 - x_2 \geqslant 1 \\ -x_1 + x_2 \geqslant 1 \\ x_1,\ x_2 \geqslant 0 \end{cases}$ $\begin{cases} y_1 - y_2 \leqslant -1 \\ -y_1 + y_2 \leqslant -1 \\ y_1,\ y_2 \geqslant 0 \end{cases}$

证毕。

2.3.4 最优性

设 $\hat{X}$ 是原问题的可行解,$\hat{Y}$ 是对偶问题的可行解,当 $C\hat{X} = b^T\hat{Y}$ 时,$\hat{X}$、$\hat{Y}$ 是最优解。

证 设 X^*、Y^* 分别是原问题和对偶问题的最优解,则有

$$C\hat{X} \leqslant CX^* \text{ 且 } b^TY^* \leqslant b^T\hat{Y}$$

又因 $C\hat{X} = b^T\hat{Y}$,故有

$$C\hat{X} = CX^* = b^TY^* = b^T\hat{Y}$$

证毕。

2.3.5 对偶定理

若原问题有最优解,那么对偶问题也有最优解;且目标函数值相等。

证 设 $\hat{X}$ 是原问题的最优解,它对应的基矩阵 B 必存在 $C - C_BB^{-1}A \leqslant 0$。即得到 $A^T\hat{Y} \geqslant C^T$,其中 $\hat{Y} = C_BB^{-1}$。

若这时 $\hat{Y}$ 是对偶问题的可行解,它使

$$\omega = b^T\hat{Y} = C_BB^{-1}b$$

因原问题的最优解是 $\hat{X}$,使目标函数取值

$$z = C\hat{X} = C_BB^{-1}b$$

由此,得到

$$\hat{Y}b = C_BB^{-1}b = C\hat{X}$$

可见 $\hat{Y}$ 是对偶问题的最优解。

证毕。

2.3.6　互补松弛性

若 $\hat{X}$、$\hat{Y}$ 分别是原问题和对偶问题的可行解。那么 $\hat{Y}X_S = 0$ 和 $Y_S\hat{X} = 0$，当且仅当 $\hat{X}$、$\hat{Y}$ 为最优解。

证　设原问题和对偶问题的标准形式为：

原问题　　　　　　　　　　对偶问题

max $z = CX$　　　　　　　　min $\omega = Yb$

$$\begin{cases} AX + X_S = b \\ X,\ X_S \geqslant 0 \end{cases} \qquad \begin{cases} YA - Y_S = C \\ Y,\ Y_S \geqslant 0 \end{cases}$$

将原问题目标函数中的系数向量 C 用 $C = YA - Y_S$ 代替后，得到

$$z = (YA - Y_S)X = YAX - Y_SX \tag{2-6}$$

将对偶问题的目标函数中系数列向量，用 $b = AX + XS$ 代替后，得到

$$\omega = Y(AX + X_S) = YAX + YX_S \tag{2-7}$$

若 $\hat{Y}X_S = 0$，$Y_S\hat{X} = 0$，则 $\hat{Y}b = \hat{Y}A\hat{X} = C\hat{X}$，由性质 3 可知 $\hat{X}$、$\hat{Y}$ 是最优解。

又若 $\hat{X}$、$\hat{Y}$ 分别是原问题和对偶问题的最优解，根据性质 3，则有

$$\hat{Y}b = \hat{Y}A\hat{X} = C\hat{X}$$

由式(2-6)、式(2-7)可知，必有 $\hat{Y}X_S = 0$，$Y_S\hat{X} = 0$。

证毕。

2.3.7　兼容性

设原问题是

$$\max z = CX;\ AX + X_S = b;\ X,\ X_S \geqslant 0$$

它的对偶问题是

$$\min \omega = Yb;\ YA - Y_S = C;\ Y,\ Y_S \geqslant 0$$

则原问题单纯形表的检验数行对应其对偶问题的一个基解，其对应关系见表 2-5。

表 2-5

X_B	X_N	X_S
0	$C_N - C_B B^{-1}N$	$-C_B B^{-1}$
Y_{S1}	$-Y_{S2}$	$-Y$

这里 Y_{S1} 是对应原问题中基变量 X_B 的剩余变量，Y_{S2} 是对应原问题中非基变量 X_N 的剩余变量。

证　设 B 是原问题的一个可行基，于是 $A = (B,\ N)$；原问题可以改写为

$$\max z = C_B X_B + C_N X_N$$

$$\begin{cases} BX_B + NX_N + X_S = b \\ X_B,\ X,\ X_S \geqslant 0 \end{cases}$$

相应地对偶问题可表示为

$$\min \ \omega = Yb$$

$$\begin{cases} Y_B - Y_{S1} = C_B \\ Y_N - Y_{S2} = C_N \\ Y, \ Y_{S1}, \ Y_{S2} \geq 0 \end{cases} \qquad (2-8)$$

这里 $Y_S = (Y_{S1}, \ Y_{S2})$。

当求得原问题的一个解

$$X_B = B^{-1}b$$

其相应的检验数为 $C_N - C_B B^{-1}N$ 与 $-C_B B^{-1}$。现分析这些检验数与对偶问题的解之间的关系：令 $Y = C_B B^{-1}$，将它代入式(2-8)的约束条件得

$$Y_{S1} = 0, \quad -Y_{S2} = C_N - C_B B^{-1}N$$

证毕。

2.4 对偶单纯形法

从对偶性质 7 知道，单纯形法各迭代表格同时给出原问题和对偶问题的互补基本解。而单纯形法是始终保持原问题基本解的可行性，通过迭代，使对偶基本解从不可行变为可行。根据性质 2 和性质 3，这时一对互补基本解同时达到最优，即原问题与对偶问题都是最优解。

换一个角度，也可以这样考虑：若始终保持对偶问题的解是基可行解，即保持原问题的检验数 $\sigma \leq 0$，而原问题在非可行解的基础上，通过逐步迭代达到基可行解，这样也得到了最优解。这就是对偶单纯形法的基本思路，其优点是原问题的初始解不一定是基可行解，可从非基可行解开始迭代，方法如下。

设原问题

$$\max \ z = CX$$

$$\begin{cases} AX \leq b \\ X \geq 0 \end{cases}$$

又设 B 是一个基。不失一般性，令 $B = (P_1, \ P_2, \ \cdots, \ P_m)$，它对应的变量为

$$X_B = (x_1, \ x_2, \ \cdots, \ x_m)$$

当非基变量都为零时，可以得到 $X_B = B^{-1}b$。若在 $B^{-1}b$ 中至少有一个负分量，设 $(B^{-1}b)_i < 0$，并且在单纯形表的检验数行中的检验数都为非正，即对偶问题保持可行解，它的各分量是

(1) 对应基变量 $x_1, \ x_2, \ \cdots, \ x_m$ 的检验数是

$$\sigma_i = c_i - z_i = c_i - C_B B^{-1}P_j = 0, \ i = 1, \ 2, \ \cdots, \ m$$

(2) 对应非基变量 $x_{m+1}, \ \cdots, \ x_n$ 的检验数是

$$\sigma_j = c_j - z_j = c_j - C_B B^{-1}P_j \leq 0, \quad j = m+1, \ \cdots, \ n$$

每次迭代是将基变量中的负分量 x_l 取出，去替换非基变量中的 x_k，经基变换，所有检验数仍保持非正。从原问题来看，经过每次迭代，原问题由非可行解往可行解靠

近。当原问题得到可行解时，便得到了最优解。

对偶单纯形法的计算步骤如下：

（1）根据线性规划问题，列出初始单纯形表。检查 b 列的数字，若都为非负，检验数都为非正，则已得到最优解，停止计算。若检查 b 列的数字时，至少还有一个负分量，检验数保持非正，那么进行以下计算。

（2）确定离基变量。

按 $\min\{(B^{-1}b)_i \mid (B^{-1}b)_i < 0\} = (B^{-1}b)_l$ 对应的基变量 x_i 为离基变量。

（3）确定进基变量。

在单纯形表中检查 x_l 所在行的各系数 $a_{lj}(j = 1，2，\cdots，n)$。若所有 $a_{lj} \geq 0$，则无可行解，停止计算。若存在 $a_{lj} < 0(j = 1，2，\cdots，n)$，计算

$$\theta = \min_j\left\{\frac{c_j - z_j}{a_{lj}} \mid a_{lj} < 0\right\} = \frac{c_k - z_k}{a_{lk}}$$

按 θ 规则所对应的列的非基变量 x_k 为入基变量，这样才能保持得到的对偶问题解仍为可行解。

（4）以 a_{lk} 为主元素，按原单纯形法在表中进行迭代运算，得到新的计算表。

重复步骤(1) ~ (4)。

下面举例来说明具体算法。

【例 2 - 4】用对偶单纯形法求解

$$\min \ \omega = 2x_1 + 3x_2 + 4x_3$$

$$\begin{cases} x_1 + 2x_2 + x_3 \geq 3 \\ 2x_1 - x_2 + 3x_3 \geq 4 \\ x_1，x_2，x_3 \geq 0 \end{cases}$$

解　先将此问题化成下列形式，以便得到对偶问题的初始可行基

$$\max z = -2x_1 - 3x_2 - 4x_3$$

$$\begin{cases} -x_1 - 2x_2 - x_3 + x_4 = -3 \\ -2x_1 + x_2 - 3x_3 + x_5 = -4 \\ x_j \geq 0，j = 1，2，\cdots，5 \end{cases}$$

建立此问题的初始单纯形表，见表 2 - 6。

表 2 - 6

c_j			- 2	- 3	- 4	0	0
C_B	X_B	b	x_1	x_2	x_3	x_4	x_5
0	x_4	- 3	- 1	- 2	- 1	1	0
0	x_5	- 4	[- 2]	1	- 3	0	1
$c_j - z_j$			- 2	- 3	- 4	0	0

从表 2 - 6 看到，检验数行对应的对偶问题的解是可行解。因 b 列数字为负，故需进行迭代运算。

离基变量的确定：按上述对偶单纯形法计算步骤(2)，得

$$\min\ (-3,\ -4) = -4$$

故 x_5 为离基变量。

进基变量的确定：按上述对偶单纯形法计算步骤(3)，得

$$\theta = \min\left\{\frac{-2}{-2},\ -,\ \frac{-4}{-3}\right\} = \frac{-2}{-2} = 1$$

故 x_1 为进基变量。进基、离基变量的所在列、行的交叉处"-2"为主元素。按单纯形法计算步骤进行迭代，得表 2-7。

表 2-7

	c_j		-2	-3	-4	0	0
C_B	X_B	b	x_1	x_2	x_3	x_4	x_5
0	x_4	-1	0	[-5/2]	1/2	1	-1/2
-2	x_1	2	1	-1/2	3/2	0	-1/2
	$c_j - z_j$		0	-4	-1	0	-1

由表 2-7 看出，对偶问题仍是可行解，而 b 列中仍有负分量。故重复上述迭代步骤，得表 2-8。

表 2-8

	c_j		-2	-3	-4	0	0
C_B	X_B	b	x_1	x_2	x_3	x_4	x_5
-3	x_2	2/5	0	1	-1/5	-2/5	1/5
-2	x_1	11/5	1	0	7/5	-1/5	-2/5
	$c_j - z_j$		0	0	-3/5	-8/5	-1/5

表 2-8 中，b 列数字全为非负，检验数全为非正，故问题的最优解为

$$X^* = (11/5,\ 2/5,\ 0,\ 0,\ 0)^T$$

若对应两个约束条件的对偶变量分别为 y_1 和 y_2，则对偶问题的最优解为

$$Y^* = (y_1^*,\ y_2^*) = (8/5,\ 1/5)$$

从以上求解过程可以看到对偶单纯形法有以下优点：

(1) 初始解可以是非可行解，当检验数都为负数时，就可以进行基的变换，这时不需要加入人工变量，因此可以简化计算。

(2) 当变量多于约束条件，对这样的线性规划问题，用对偶单纯形法计算可以减少计算工作量，因此对变量较少，而约束条件很多的线性规划问题，可先将它变换成对偶问题，然后用对偶单纯形法求解。

2.5 对偶变量的经济含义 —— 影子价格

根据前节对偶性质，线性规划的互补基本解有下述目标函数关系：

$$z = \sum_{i=1}^{n} c_i x_i = \sum_{j=1}^{m} b_j y_j = \omega \qquad (2-9)$$

其中 b_j 是原问题的第 j 个约束方程的右端常数，在经济上表示第 j 种资源的供量。

对式 $(2-9)$ 求 z 关于 b_j 的偏导数，得

$$\frac{\partial z}{\partial b_j} = y_j$$

可见，对偶变量 y_j 在经济上表示原问题第 j 种资源的边际价值，即当 b_j 单独增加一个单位时，相应的目标值 z 的增量 Δz；特别对最优解来说，对偶变量的值 y^* 所表示的第 j 种资源的边际价值，称为影子价值。

更具体地说，当式 $(2-9)$ 中的价值系数 c_i 表示单位产值时，y_j^* 相应地称为影子价格(Shadow Price)。

由第 1 章例 $1-1$ 的最终计算表(见表 $1-5$)可见，$y_1^* = 1.5$，$y_2^* = 0.125$，$y_3^* = 0$。这说明是其他条件不变的情况下，若设备增加一台时，该厂按最优计划安排生产可多获利 1.5 元；原材料 A 增加 1 千克，可多获利 0.125 元；原材料 B 增加 1 千克，对获利无影响。从图 $2-1$ 可看到，设备增加一台时，代表该约束条件的直线由 ① 移至 ①′，相应的最优解由 $(4, 2)$ 变为 $(4, 2.5)$，目标函数 $z = 2 \times 4 + 3 \times 2.5 = 15.5$，即比原来的增大 1.5。又若原材料 A 增加 1 千克时，代表该约束方程的直线由 ② 移至 ②′，相应的最优解从 $(4, 2)$ 变为 $(4.25, 1.875)$，目标函数 $z = 2 \times 4.25 + 3 \times 1.875 = 14.125$，比原来的增加 0.125。原材料 B 增加 1 千克时，该约束方程的直线由 ③ 移至 ③′，这时的最优解不变。

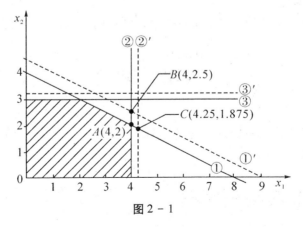

图 2 - 1

y_j^* 的值代表对第 j 种资源的估价。这种估价是针对具体工厂的具体产品而存在的一种特殊价格。在该厂现有资源和现有生产方案的条件下，设备的每小时租费为 1.5

元，1千克原材料 A 的出让费为除成本外再附加0.125元，1千克原材料 B 可按原成本出让，这时该厂的收入与自己组织生产时获利相等。影子价格随具体情况而异，在完全市场经济的条件下，当某种资源的市场价低于影子价格时，企业应买进该资源用于扩大生产；而当某种资源的市场价高于企业影子价格时，则企业的决策者应把已有资源卖掉。可见影子价格对市场有调节作用。

由于影子价格代表的是资源的单位改变量引起的目标函数值的改变量，因此每一种资源的影子价格表明了这种资源在生产整合过程中的重要程度或者说是对系统内部资源的一种客观估价。但需认识到，影子价格是一种虚拟的价格（或者说是资源价值的反映）。影子价格有以下几个特点：

（1）影子价格是对系统资源的一种最优估价，只有在系统达到最优状态时（即线性规划问题有最优解时）才可能赋予该资源这种价值。

（2）影子价格的取值与系统的价值取向有关，并受系统状态变化的影响。系统内部资源数量和价格的任何变化，都会引起影子价格的变化。从这个意义上讲，影子价格是一种动态的价值体系。

（3）影子价格的大小客观地反映了资源在系统内的稀缺程度。如果某种资源在系统内供大于求，尽管它在市场中有实实在在的价格，但它在系统内部的影子价格为零。这一事实表明，增加或减少该资源的供应量不会引起系统目标（利润）的任何变化。反过来讲，一种资源的影子价格越高，表明该资源在系统中越稀缺。

（4）影子价格是一种边际价值，它与经济学中边际成本的概念相同。因此，影子价格在经济管理中有十分重要的应用价值。企业管理者可以根据资源在本企业内影子价格的大小来决定企业的经营策略，具体为：

① 如果某资源的影子价格高于市场价格，表明该资源在系统内有获利能力，应买入该资源；

② 如果某资源的影子价格低于市场价格，表明该资源在系统内无获利能力，留在系统内使用不划算，应卖出该资源；

③ 如果某资源的影子价格等于市场价格，既不用买入，也不用卖出。

习　题

2.1　写出下列线性规划问题的对偶问题。

（1）max $z = 2x_1 + x_2 + x_3$

$$\begin{cases} x_1 + x_2 + x_3 \leqslant 10 \\ x_1 + 5x_2 + x_3 \leqslant 20 \\ x_1, \ x_2, \ x_3 \geqslant 0 \end{cases}$$

(2) $\min f = 4x_1 + 4x_2 + 2x_3$

$$\begin{cases} \dfrac{1}{2}x_1 + 2x_2 + 2x_3 \geqslant 100 \\ 4x_1 + 6x_2 + 3x_3 \geqslant 200 \\ x_1,\ x_2,\ x_3 \geqslant 0 \end{cases}$$

2.2 写出下列线性规划问题的对偶问题。

(1) $\max z = x_1 + 2x_2 + 3x_3 + 4x_4$

$$\begin{cases} -x_1 + x_2 - x_3 - 3x_4 = 5 \\ 6x_1 + 7x_2 + 3x_3 - 5x_4 \geqslant 8 \\ 12x_1 - 9x_2 - 9x_3 + 9x_4 \leqslant 20 \\ x_1,\ x_2 \geqslant 0,\ x_3 \leqslant 0,\ x_4\ \text{无约束} \end{cases}$$

(2) $\max z = \displaystyle\sum_{j=1}^{n} c_j x_j$

$$\begin{cases} \displaystyle\sum_{j=1}^{n} a_{ij} x_j \leqslant b_i,\ i = 1,\ \cdots,\ m_1 \leqslant m \\ \displaystyle\sum_{j=1}^{n} a_{ij} x_j = b_i,\ i = m_1 + 1,\ m_1 + 2,\ \cdots,\ m \\ x_j \geqslant 0,\ \text{当}\ j = 1,\ \cdots,\ n_1 \leqslant n \\ x_j\ \text{无约束},\ \text{当}\ j = n_1 + 1,\ \cdots,\ n \end{cases}$$

2.3 已知线性规划问题

$$\max z = 2x_1 + x_2 + 5x_3 + 6x_4$$

$$\begin{cases} 2x_1 + x_3 + x_4 \leqslant 8 \\ 2x_1 + 2x_2 + x_3 + 2x_4 \leqslant 12 \\ x_j \geqslant 0,\ j = 1,\ \cdots,\ 4 \end{cases}$$

对偶变量 y_1、y_2，其对偶问题的最优解为 $y_1{}^* = 4$，$y_2{}^* = 1$，试应用对偶问题的性质，求原问题的最优解。

2.4 给出线性规划问题

$$\max z = x_1 + 2x_2 + x_3$$

$$\begin{cases} x_1 + x_2 - x_3 \leqslant 2 \\ x_1 - x_2 + x_3 = 1 \\ 2x_1 + x_2 + x_3 \geqslant 2 \\ x_1 \geqslant 0,\ x_2 \leqslant 0,\ x_3\ \text{无约束} \end{cases}$$

(1) 写出其对偶问题；(2) 利用对偶问题性质证明原问题目标函数值 $z \leqslant 1$。

2.5 试用对偶单纯形法求解下列线性规划问题。

（1）$\min z = x_1 + x_2$

$$\begin{cases} 2x_1 + x_2 \geqslant 4 \\ x_1 + 7x_2 \geqslant 7 \\ x_1, \ x_2 \geqslant 0 \end{cases}$$

（2）$\min z = 3x_1 + 2x_2 + x_3 + 4x_4$

$$\begin{cases} 2x_1 + 4x_2 + 5x_3 + x_4 \geqslant 0 \\ 3x_1 - x_2 + 7x_3 - 2x_4 \geqslant 2 \\ 5x_1 + 2x_2 + x_3 + 6x_4 \geqslant 15 \\ x_1, \ x_2, \ x_3, \ x_4 \geqslant 0 \end{cases}$$

2.6 考虑如下线性规划问题

$$\min z = 60x_1 + 40x_2 + 80x_3$$

$$\begin{cases} 3x_1 + 2x_2 + x_3 \geqslant 2 \\ 4x_1 + x_2 + 3x_3 \geqslant 4 \\ 2x_1 + 2x_2 + 2x_3 \geqslant 3 \\ x_1, \ x_2, \ x_3 \geqslant 0 \end{cases}$$

（1）写出其对偶问题；（2）用对偶单纯形法求解原问题；（3）用单纯形法求解其对偶问题；（4）对比题(2)和题(3)中每步计算得到的结果。

3 灵敏度分析和参数线性规划

3.1 灵敏度分析的提出

我们在前面的章节中学习了求解线性规划问题的方法，一般说来，通过求解线性规划问题我们会得出一个最优解，这个最优解代表的是在既定条件下的最优方案。这个既定条件就是线性规划模型中的各常数项 a_{ij}、b_i、c_j。在模型中我们假定这些系数都是常数。但在实际问题中，这些系数往往是估计值或预测值。如市场条件变化，c_j 就会随之改变；a_{ij} 往往是因工艺条件的改变而改变，b_i 是根据资源投入后的经济效果决定的一种决策选择。因此提出这样两个问题：第一，当我们的系数 a_{ij}、b_i、c_j 中有一项或几项发生改变时，已经求得的线性规划问题的最优解会有什么变化；第二，这些系数在什么范围变化时，线性规划问题的最优解不变。第一个问题就是我们下面要提到的灵敏度分析，第二个问题将在参数线性规划中进行讨论。

很明显，当线性规划问题中的一个或几个系数发生变化后，原来求得的最优解一般会发生变化。当然，我们可以重新建立线性规划问题，用单纯形法从头计算，以便求得新的最优解。这样做很麻烦，而且也没有必要，因为在使用单纯形法进行迭代时，每一次运算都和基变量的系数矩阵有关。因此，结合前面章节关于对偶理论的相关知识，我们可以把发生变化的个别系数，经过一定的计算后直接填入最终计算表中，并进行检查和分析，可按表 3 - 1 中的几种情况进行分析处理。

灵敏度分析的步骤如下：

（1）将参数的改变计算反映到最终单纯形表上来。具体的计算方法是，按照下列公式计算出由参数 a_{ij}、b_i、c_j 的变化而引起的最终单纯形表上有关数字的变化。

$$\Delta b^* = B^{-1}\Delta b$$

$$\Delta p_i^{\ *} = B^{-1}\Delta p_i$$

$$\Delta (c_j - z_j)^{\ *} = \Delta (c_j - z_j) - \sum_{i=1}^{m} a_{ij} y_i^{\ *}$$

（2）检查原问题是否仍为可行解。

（3）检查对偶问题是否仍为可行解。

（4）按表 3 - 1 所列示的情况得出结论和决定继续计算的步骤。

表 3 - 1

原问题	对偶问题	结论或继续计算的步骤
可行解	可行解	表中的解仍为最优解
可行解	非可行解	用单纯形法继续迭代求最优解
非可行解	可行解	用对偶单纯形法继续迭代求最优解
非可行解	非可行解	引入人工变量，编制新的单纯形表，求最优解

下面我们就目标函数系数的改变、右端常数系数的改变和系数矩阵的改变分别进行讨论。

3.2 目标函数系数的改变

目标函数中系数 c_j 的变化仅仅影响到检验数$(c_j - z_j)$的变化，所以将 c_j 的变化直接反映到最终单纯形表中，将可能出现表 3 - 1 中所示的前面两种情况，下面我们举例说明。

【例 3 - 1】 已知线性规划问题

$$\max z = (2 + \lambda_1)x_1 + (3 + \lambda_2)x_2$$

$$\text{s. t.} \begin{cases} 2x_1 + 2x_2 \leq 12 \\ 4x_1 \leq 16 \\ 5x_2 \leq 15 \\ x_1, \ x_2 \geq 0 \end{cases}$$

试分析当 λ_1 和 λ_2 在什么范围内变化，上述线性规划问题的最优解不变？

解 当 $\lambda_1 = \lambda_2 = 0$ 时，上面的线性规划问题的最终单纯形表见表 3 - 2，当 $\lambda_2 = 0$ 时，将 λ_1 反映到该表 3 - 3 中。

表 3 - 2　　　　　　　当 $\lambda_1 = \lambda_2 = 0$ 时求得的最终单纯形表

	c_j		2	3	0	0	0
C_B	基	b	x_1	x_2	x_3	x_4	x_5
2	x_1	3	1	0	$\dfrac{1}{2}$	0	$-\dfrac{1}{5}$
0	x_4	4	0	0	-2	1	$\dfrac{4}{5}$
3	x_2	3	0	1	0	0	$\dfrac{1}{5}$
	$c_j - z_j$		0	0	1	0	$\dfrac{1}{5}$

表 3 - 3　　　　　　　　当 $\lambda_2 = 0$ 时求得的单纯形表

	c_j		2	3	0	0	0
C_B	基	b	x_1	x_2	x_3	x_4	x_5
2	x_1	3	1	0	$\frac{1}{5}\lambda_1$	0	$-\frac{1}{5}$
0	x_4	4	0	0	-2	1	$\frac{4}{5}$
3	x_2	3	0	1	0	0	$\frac{1}{5}$
	$c_j - z_j$		0	0	$1 - \frac{1}{2}\lambda_1$	0	$-\frac{1}{5} + \frac{1}{5}\lambda_1$

表中解为最优解的条件是 $1 - \frac{1}{2}\lambda_1 \leq 0$, $\frac{1}{5} - \frac{1}{5}\lambda_1 \leq 0$，由此可以求得当 $-2 \leq \lambda_1 \leq 1$ 时满足上述条件。

当 $\lambda_1 = 0$ 时，再将 λ_2 反映到表 3 - 2 中，得到表 3 - 4。

表 3 - 4　　　　　　　　当 $\lambda_1 = 0$ 时求得的单纯形表

	c_j		2	3	0	0	0
C_B	基	b	x_1	x_2	x_3	x_4	x_5
2	x_1	3	1	0	$\frac{1}{2}$	0	$-\frac{1}{5}$
0	x_4	4	0	0	-2	1	$\frac{4}{5}$
$3 + \lambda_2$	x_2	3	0	1	0	0	$\frac{1}{5}$
	$c_j - z_j$		0	0	-1	0	$-\frac{1}{5} - \frac{1}{5}\lambda_2$

表中解为最优解的条件是 $-\frac{1}{5} - \frac{1}{5}\lambda_2 \leq 0$，由此可以求得 $-1 \leq \lambda_2 \leq \infty$。

3.3　右端项的改变

右端项 b_i 的改变在实际问题中反映为资源约束条件的变化。从我们的单纯形表上来看，b_i 的变化只会引起最终单纯形表的基变量列数字的变化。因此，可将右端项 b_i 变化的灵敏度分析的步骤归纳为：

(1) 按公式 $\Delta b^* = B^{-1}\Delta b$ 计算出 Δb^*，将其加到基变量列的数字上。

(2) 由于其对偶问题仍然为可行解，故只需检查原问题是否仍然为可行解，再按表 3 - 1 所列示的结论进行下一步分析。

下面，我们举例来说明。

【例 3 - 2】有如下性规划问题

$$\max z = 2x_1 + 3x_2$$

$$\text{s. t.} \begin{cases} 2x_1 + 2x_2 \leqslant 12 + \lambda_1 \\ 4x_1 \leqslant 16 + \lambda_2 \\ 5x_2 \leqslant 15 + \lambda_3 \\ x_1, \ x_2 \geqslant 0 \end{cases}$$

试分析 λ_1、λ_2 和 λ_3 在什么范围内变化，问题的最优基不变？

解　先分析 λ_1 的变化。由公式 $\Delta b^* = B^{-1}\Delta b$ 得：

$$\Delta b^* = B^{-1}\Delta b = \begin{bmatrix} \dfrac{1}{2} & 0 & -\dfrac{1}{5} \\ -2 & 1 & \dfrac{4}{5} \\ 0 & 0 & \dfrac{1}{5} \end{bmatrix} \begin{bmatrix} \lambda_1 \\ 0 \\ 0 \end{bmatrix} = \begin{bmatrix} \dfrac{1}{2}\lambda_1 \\ -2\lambda_1 \\ 0 \end{bmatrix}$$

根据对偶理论，使问题最优基不变的条件是：

$$b^* + \Delta b^* = \begin{bmatrix} 3 + \dfrac{1}{2}\lambda_1 \\ 4 - 2\lambda_1 \\ 3 \end{bmatrix} \geqslant 0$$

由此可得 $-6 \leqslant \lambda_1 \leqslant 2$。

同理，分析 λ_2 的变化得

$$\begin{bmatrix} 3 \\ 4 + \lambda_2 \\ 3 \end{bmatrix} \geqslant 0$$

由此可得 $-4 \leqslant \lambda_2 \leqslant \infty$。

$$\begin{bmatrix} 3 - \dfrac{1}{5}\lambda_3 \\ 4 + \dfrac{4}{5}\lambda_3 \\ 3 + \dfrac{1}{5}\lambda_3 \end{bmatrix} \geqslant 0$$

由此可得 $-5 \leqslant \lambda_3 \leqslant 15$。

3.4　系数矩阵的改变

系数矩阵 a_{ij} 的变化，可以分为两种情况来讨论，第一种情况是增加一个变量，这

在实际问题中反映为增加一种新的产品；第二种情况为增加一个约束条件，这在实际问题中相当于增加一道工序。下面我们分别就两种情况进行讨论。

3.4.1　增加一个变量的分析

增加一个变量的分析步骤为：

（1）计算 $\sigma_j = c_j - z_j = c_j - \sum_{i=1}^{m} a_{ij} y_i^*$ ；

（2）计算 $p'_j = B^{-1} P_j$ ；

（3）若 $\sigma_j \leq 0$ 则只需将 p'_j 和 σ_j 和值直接反映到最终单纯形表中，原最优解不变，若 $\sigma_j \geq 0$ ，则按单纯形法继续进行迭代计算。

【例3-3】 在第1章的例题1-1中，假设该厂除了生产产品 Ⅰ、Ⅱ 外，现有一种新产品 Ⅲ。已知生产产品 Ⅲ 每件需要消耗原材料 A 和 B 分别为6千克、3千克，使用设备2台时；每件可获利5元，请问该厂是否应该生产这种产品和生产多少？

解　分析这个问题的步骤是：

（1）设生产新产品 Ⅲ 为 x'_3 台，其技术系数向量为 $p'_3 = (2, 6, 3)^T$，根据 $\sigma_j = c_j - z_j = c_j - \sum_{i=1}^{m} a_{ij} y_i^*$ 求得

$$\sigma'_3 = c'_3 - z'_3 = 5 - (1.5,\ 0.125,\ 0) \begin{bmatrix} 2 \\ 6 \\ 3 \end{bmatrix} = 1.25 \geq 0$$

这说明安排生产新产品 Ⅲ 是有利的。

（2）计算产品在最终表中对应 x'_3 的列向量

$$p'_3 = B^{-1} P_3 = \begin{bmatrix} 0 & 0.25 & 0 \\ -2 & 0.5 & 1 \\ 0.5 & -0.125 & 0 \end{bmatrix} \begin{bmatrix} 2 \\ 6 \\ 3 \end{bmatrix} = \begin{bmatrix} 1.5 \\ 2 \\ 0.25 \end{bmatrix}$$

并将（1）和（2）中的计算结果填入最终计算表1-5中得表3-5。

表3-5

C_B	X_B	b	x_1	x_2	x_3	x_4	x_5	x_3'
	c_j		2	3	0	0	0	5
2	x_1	4	1	0	1	1/4	0	3/2
0	x_5	4	0	0	-2	1/2	1	[2]
3	x_2	2	0	1	1/2	-1/8	0	1/4
	$c_j - z_j$		0	0	-3/2	-1/8	0	5/4

由于 b 列的数字没有发生变化，原问题的解是可行解，但检验数行中还有正的检验数，说明目标函数值还有待改善。

（3）将 x'_3 作为入基变量，x_5 作为出基变量，进行迭代，求得最优解，计算结果见

表$3-6$，这时候的到最优解$x_1 = 1$，$x_2 = 1.5$，$x_3' = 2$，总的利润为16.5元，比原计划增加了2.5元。

表$3-6$

c_j			2	3	0	0	0	5
C_B	X_B	b	x_1	x_2	x_3	x_4	x_5	x_3'
2	x_1	1	1	0	3/2	$-1/8$	$-3/4$	0
0	x_3'	2	0	0	-1	1/4	1/2	1
3	x_2	3/2	0	1	3/4	$-1/5$	$-1/8$	0
$c_j - z_j$			0	0	$-1/4$	$-4/9$	$-5/8$	0

3.4.2　增加一个约束条件的分析

增加一个约束条件，在实际问题中相当于增添一道工序。分析的方法是先将原问题的最优解变量代入这个新增的约束条件中。如满足，说明增加的约束条件未起到限制作用，原来的最优解维持不变；否则，将新增约束直接反映到最终表中，再进行分析。

【例$3-4$】在本章的例$3-2$中，增加一个约束条件$3x_1 + 2x_2 \leq 14$，要求分析最优解的变化。

解　因为$3 \times 3 + 2 \times 3 = 15 > 14$，所以新增的约束条件会起到限制作用，将约束条件加上松弛变量后的方程$3x_1 + 2x_2 + x_6 = 14$，直接反映到最终单纯形表$3-2$，得到表$3-7$。

表$3-7$

c_j			2	3	0	0	0	0	
C_B	基	b	x_1	x_2	x_3	x_4	x_5	x_6	
2	x_1	3	1	0	$\dfrac{1}{2}$	0	$-\dfrac{1}{5}$	0	(1)
0	x_4	4	0	0	-2	1	$\dfrac{4}{5}$	0	(2)
3	x_2	3	0	1	0	0	$\dfrac{1}{5}$	0	(3)
0	x_6	14	3	2	0	0	0	1	(4)
$c_j - z_j$			0	0	-1	0	$-\dfrac{1}{5}$	0	

为使P_1、P_4、P_2、P_6列组成单位矩阵，对表$3-7$中各变量列组成的系数矩阵进行行的初等变换，得表$3-8$。

表3-8

	c_j		2	3	0	0	0	0	
C_B	基	b	x_1	x_2	x_3	x_4	x_5	x_6	
2	x_1	3	1	0	$\frac{1}{2}$	0	$-\frac{1}{5}$	0	(1)′
0	x_4	4	0	0	-2	1	$\frac{4}{5}$	0	(2)′
3	x_2	3	0	1	0	0	$\frac{1}{5}$	0	(3)′
0	x_6	-1	0	0	$[-\frac{3}{2}]$	0	0	1	(4)′
	$c_j - z_j$		0	0	-1	0	$-\frac{1}{5}$	0	

对表3-8用对偶单纯形法继续迭代计算得表3-9。

表3-9

	c_j		2	3	0	0	0	0
C_B	基	b	x_1	x_2	x_3	x_4	x_5	x_6
2	x_1	$-\frac{8}{3}$	1	0	0	0	$-\frac{2}{15}$	$\frac{1}{3}$
0	x_4	$-\frac{16}{3}$	0	0	0	1	$\frac{8}{15}$	$-\frac{4}{3}$
3	x_2	3	0	1	0	0	$\frac{1}{5}$	0
0	x_6	$\frac{2}{3}$	0	0	1	0	$-\frac{2}{15}$	$-\frac{2}{3}$
	$c_j - z_j$		0	0	0	0	$-\frac{1}{3}$	$-\frac{2}{3}$

因此，增加约束条件后问题的新解为 $x_1 = \frac{8}{3}$，$x_2 = 3$，$z^* = \frac{43}{3}$。

3.5　参数线性规划

　　灵敏度分析只是局限于研究问题的最优解或最优基保持不变时的参数值变化范围。但实际问题中往往需要研究当参数值连续变化时，问题的最优解如何随着参数值的变化而变化。参数线性规划要求，当问题有多个参数变化时，应该使目标函数 $z(\lambda)$ 是 λ 的线性函数。因此当有多个 b_i 值变动时，可表示为 $b'_i = b_i + a_i\lambda$，式中 a_i 可以是任意的一个实数；当同样有多个 c_j 值变动时，可表示为 $c'_j = c_j + a_j\lambda$，式中 a_j 可以是任意的一个实数。对于这样的问题，我们仍然可以依据单纯形法和对偶单纯形法来求解参数线性规划，其求解的步骤为：

（1）对含有某参数变量 λ 的参数线性规划问题，可先令 $\lambda = 0$，用单纯形法求出最优解。

（2）用灵敏度分析法，将参数变量 λ 直接反映到最终表中。

（3）当参数变量 λ 连续变大或变小时，观察 b 列和检验数行各数字的变化。若在 b 列首先出现某负值时，则以它对应的变量为换出变量；然后用对偶单纯形法迭代一步。若在检验数行首先出现正值时，则将它对应的变量为换入变量；用单纯形法迭代一步。

（4）在经迭代一步后得到的新表上令参数 λ 继续变大或变小，重复步骤3，直到 b 列不再出现负值，检验数行不再出现正值为止。

下面我们通过例题来进行说明。

【例 3 - 5】求解下列参数线性规划问题

$$\max z(\lambda) = (2 + 2\lambda)x_1 + (3 + \lambda)x_2$$

$$\text{s. t.} \begin{cases} 2x_1 + 2x_2 \leq 12 \\ 4x_1 \leq 16 \\ 5x_2 \leq 15 \\ x_1, x_2 \geq 0 \end{cases}$$

解

（1）可以先令 $\lambda = 0$ 求解得到最终单纯形表，见表 3 - 2。

（2）将参数的变化反映到最终单纯形表中，见表 3 - 10。

表 3 - 10

	c_j		$2 + 2\lambda$	$3 + \lambda$	0	0	0	
C_B	基	b	x_1	x_2	x_3	x_4	x_5	
$2 + 2\lambda$	x_1	3	1	0	$\frac{1}{2}$	0	$-\frac{1}{5}$	
0	x_4	4	0	0	-2	1	$\frac{4}{5}$	$-1 \leq \lambda \leq 1$
$3 + \lambda$	x_2	3	0	1	0	0	$\frac{1}{5}$	
	$c_j - z_j$		0	0	$-1 - \lambda$	0	$-\frac{1}{5} - \frac{1}{5}\lambda$	

表3 - 10中最优解不变的条件是 $-1 - \lambda \leq 0$ 和 $-\frac{1}{5} - \frac{1}{5}\lambda \leq 0$，求得 $-1 \leq \lambda \leq 1$，当 $\lambda < -1$ 时，x_3 列的检验数 $-1 - \lambda > 0$，将 x_3 作为引入变量进行单纯形法迭代得表 3 - 11。

表 3 - 11

	c_j		$2 + 2\lambda$	$3 + \lambda$	0	0	0	
C_B	基	b	x_1	x_2	x_3	x_4	x_5	
0	x_3	6	2	0	1	0	$-\dfrac{2}{5}$	
0	x_4	16	4	0	0	1	0	$-3 \leqslant \lambda \leqslant -1$
$3 + \lambda$	x_2	3	0	1	0	0	$\left[\dfrac{1}{5}\right]$	
	$c_j - z_j$		$2 + 2\lambda$	0	0	0	$-\dfrac{3}{5} - \dfrac{1}{5}\lambda$	
0	x_3	12	2	2	1	0	0	
0	x_4	16	4	0	0	1	0	$\lambda \leqslant -3$
0	x_5	15	0	5	0	0	1	
	$c_j - z_j$		$2 + 2\lambda$	$3 + \lambda$	0	0	0	

当 $\lambda > 1$ 时，表 3 - 10 中 $\sigma_5 > 0$，以 x_5 作为引入变量进行单纯形法迭代得表 3 - 12。

表 3 - 12

	c_j		$2 + 2\lambda$	$3 + \lambda$	0	0	0	
C_B	基	b	x_1	x_2	x_3	x_4	x_5	
$2 + 2\lambda$	x_1	4	1	0	0	0	0	
0	x_5	5	0	0	$-\dfrac{2}{5}$	1	1	$\lambda \geqslant 1$
$3 + \lambda$	x_2	2	0	1	$\dfrac{1}{2}$	0	0	
	$c_j - z_j$		0	0	$-\dfrac{3}{2} - \dfrac{1}{2}\lambda$	$\dfrac{1}{4} - \dfrac{1}{4}\lambda$	0	

综合表 3 - 10 到表 3 - 12，以 λ 为横坐标，$z(\lambda)$ 为纵坐标，可以画出 $z(\lambda)$ 随 λ 的变化情况，如图 3 - 1。

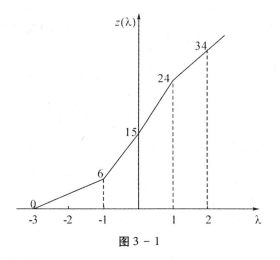

图 3 - 1

习 题

3.1 已知线性规划问题：

$$\max z = 2x_1 - x_2 + x_3$$

$$\text{s. t.} \begin{cases} x_1 + x_2 + x_3 \leqslant 6 \\ -x_1 + 2x_2 \leqslant 4 \\ x_1, x_2, x_3 \geqslant 0 \end{cases}$$

请先用单纯形法求出最优解，然后再就下列情形进行分析：

（1）目标函数中变量 x_1、x_2、x_3 的系数分别在什么范围内变化时，问题的最优解不变？

（2）两个约束条件的右端项分别在什么范围内变化时，问题的最优基不变？

（3）两个约束条件的右端项分别在什么范围内变化时，问题的最优基不变？

（4）添加一个新的约束 $-x_1 + 2x_3 \geqslant 2$，请求出其最优解。

3.2 分析参数线性规划问题中使 $z(\lambda_1 + \lambda_2)$ 实现最小值的 λ_1、λ_2 的变化范围。

$$\max z(\lambda_1, \lambda_2) = x_1 + \lambda_1 x_2 + \lambda_2 x_3$$

$$\text{s. t.} \begin{cases} x_1 - x_4 - 2x_6 = 5 \\ x_2 + 2x_4 - 3x_5 + x_6 = 3 \\ x_3 + 2x_4 - 5x_5 + 6x_6 = 5 \\ x_1, x_2, x_3, x_4, x_5, x_6 \geqslant 0 \end{cases}$$

3.3 分析下列参数线性规划问题当中 $\lambda(\lambda \geqslant 0)$ 变化时最优解的变化，并画出 $z(\lambda)$ 和 λ 的变化关系。

$$\min z = x_1 + x_2 - \lambda x_3 + 2\lambda x_4$$

(1) s. t. $\begin{cases} x_1 + x_3 + 2x_4 = 2 \\ 2x_1 + x_2 + 3x_4 = 5 \\ x_1, x_2, x_3, x_4 \geqslant 0 \end{cases}$

$$\max z(\lambda) = -(3 - \lambda)x_1 + (2 + \lambda)x_2$$

(2) s. t. $\begin{cases} 2x_1 + 5x_2 \leqslant 10 \\ 6x_1 + x_2 \leqslant 12 \\ x_1 - x_2 \leqslant 1 \\ x_1, x_2 \geqslant 0 \end{cases}$

$$\min z(\lambda) = x_1 + x_2 + 2x_3 + x_4$$

(3) s. t. $\begin{cases} 2x_1 - 2x_3 - x_4 = 2 - \lambda \\ x_2 - x_3 + x_4 = -1 + \lambda \\ x_1, x_2, x_3, x_4 \geqslant 0 \end{cases}$

$$\max z(\lambda) = 3x_1 + 2x_2 + 5x_3$$

(4) s. t. $\begin{cases} x_1 + 2x_2 + x_3 \leqslant 40 - \lambda \\ 3x_1 + 2x_3 \leqslant 60 + 2\lambda \\ x_1 + 4x_2 \leqslant 30 - 7\lambda \\ x_1, x_2, x_3 \geqslant 0 \end{cases}$

3.4　考虑下列线性规划

$$\max z = 2x_1 + 3x_2$$

s. t. $\begin{cases} 2x_1 + 2x_2 \leqslant 12 \\ x_1 + 2x_2 \leqslant 8 \\ 4x_1 \leqslant 16 \\ 4x_2 \leqslant 12 \\ x_1, x_2 \geqslant 0 \end{cases}$

求得其最优单纯形表，如表 3 - 13 所示。

表 3 - 13

c_j			2	3	0	0	0	0
C_B	基	b	x_1	x_2	x_3	x_4	x_5	x_6
0	x_3	$-\dfrac{8}{3}$	1	0	0	-1	$-\dfrac{1}{4}$	0
2	x_1	$-\dfrac{16}{3}$	0	0	0	0	$\dfrac{1}{4}$	0
0	x_6	3	0	1	0	-2	$\dfrac{1}{2}$	1
3	x_2	$\dfrac{2}{3}$	0	0	1	$\dfrac{1}{2}$	$-\dfrac{1}{8}$	0
$c_j - z_j$			0	0	0	$-\dfrac{3}{2}$	$-\dfrac{1}{8}$	0

试分析如下问题：

（1）分别对 c_1 和 c_2 进行灵敏度分析。

（2）对 b_3 进行灵敏度分析。

（3）当 $c_2 = 5$ 时，求新的最优解。

（4）当 $b_3 = 4$ 时，求新的最优解。

（5）增加一个新的约束条件，$2x_1 + 2.4x_2 \leq 12$，问对最优解有何影响？

3.5 已知某工厂计划生产 A_1、A_2 和 A_3 三种产品，每种产品均需要在甲、乙、丙设备上加工。相关数据见表 3 - 14：

表 3 - 14　　　　　　　　　　产品 A_1、A_2 和 A_3 相关数据表

产品设备	A_1	A_2	A_3	工时限制（月）
A_1	8	16	10	304
A_2	10	5	8	400
A_3	2	13	10	420
单位产品利润（千元）	3	2	2.9	48

试问：

（1）如何充分发挥设备能力，使工厂获利最大？

（2）若有 2 种新产品 A_4、A_5，其中 A_4 需用甲设备 12 台时，乙设备 5 台时，丙设备 10 台时，每件获利 2100 元；其中 A_5 需用甲设备 4 台时，乙设备 4 台时，丙设备 12 台时，每件获利 1870 元；假设甲乙丙三种设备的台时数不增加，分别回答这两种新产品投产是否合算？

（3）增加设备乙的台时能否使企业的总利润进一步增加？

3.6 从 M_1、M_2、M_3 三种原材料中提炼 A、B 两种贵金属。已知每吨原材料中 A、B 的含量和各种原材料的价格如表 3 - 15 所示。

表 3 - 15　　　　　　　　　每吨原材料价格及 A、B 贵金属含量表

	每吨原材料中贵金属含量（克／吨）		
	M_1	M_2	M_3
A	300	200	60
B	200	240	320
每吨原材料的价格（元／吨）	60	48	56

如需提炼金属 A 48 千克，金属 B 56 千克，问：

（1）所用原材料各多少吨，能使总的原材料费用最省？

（2）如 M_1、M_2 的单价不变，M_3 的单价降为 32 元／吨，则最优决策有何变化？

3.7 兹有线性规划问题如下：

$$\max z = -5x_1 + 5x_2 + 13x_3$$

$$\text{s.t.} \begin{cases} -x_1 + x_2 + 3x_3 \leq 20 \cdots\cdots\cdots\cdots\cdot 1 \\ 12x_1 + 4x_2 + 10x_3 \leq 90 \cdots\cdots\cdots\cdots 2 \\ x_1,\ x_2,\ x_3 \geq 0 \end{cases}$$

先用单纯形法求出最优解，然后分析在下列各条件下，最优解分别有什么变化？

（1）约束条件 1 的右端常数项由 20 变成 35。

（2）约束条件 2 上午右端常数项由 90 变为 60。

（3）目标函数中 x_2 的系数由 13 变成 7。

（4）增加一个约束条件 $2x_1 + 3x_2 + 5x_3 \leqslant 45$。

3.8　分析下列参数规划中当 t 变化时最优解的变化情况。

$$\max z(t) = (3 - 6t)x_1 + (2 - 2t)x_2 + (5 - 5t)x_3 (t \geqslant 0)$$

（1）s. t. $\begin{cases} x_1 + 2x_2 + x_3 \leqslant 430 \\ 3x_1 + 2x_3 \leqslant 460 \\ x_1 + 4x_3 \leqslant 420 \\ x_1,\ x_2,\ x_3 \geqslant 0 \end{cases}$

$$\max z(t) = (7 + 2t)x_1 + (12 + t)x_2 + (10 - t)x_3 (t \geqslant 0)$$

（2）s. t. $\begin{cases} x_1 + x_2 + x_3 \leqslant 20 \\ 2x_1 + 2x_3 + x_3 \leqslant 30 \\ x_1,\ x_2,\ x_3 \geqslant 0 \end{cases}$

3.9　用单纯形法求解某线性规划问题得到最终单纯形表如表 3 - 16 所示：

表 3 - 16

c_j	基变量	50	40	10	60	S
		x_1	x_2	x_3	x_4	
a	c	0	1	$\dfrac{1}{2}$	1	6
b	d	1	0	$\dfrac{1}{4}$	2	4
$\sigma_j = c_j - Z_j$		0	0	e	f	g

（1）给出 a、b、c、d、e、f、g 的值或表达式。

（2）指出原问题是求目标函数的最大值还是最小值？

（3）用 $a + \Delta a$ 和 $b + \Delta b$ 分别代替 a 和 b，仍然保持上表是最优单纯形表，求 Δa、Δb 满足的范围。

3.10　某文教用品厂用原材料白坯纸生产原稿纸、日记本和练习本三种产品。该厂现有工人 100 人，每月白坯纸供应量为 30 000 千克。已知工人的劳动生产率为：每人每月可生产原稿纸 30 捆，或日记本 30 打，或练习本 30 箱。已知原材料消耗为：每捆原稿纸用白坯纸 $\dfrac{10}{3}$ 千克，每打日记本用白坯纸 $\dfrac{40}{3}$ 千克，每箱练习本用白坯纸 $\dfrac{80}{3}$ 千克。又知每生产一捆原稿纸可获利 2 元，生产一打日记本获利 3 元，生产一箱练习本获利 1 元。试确定：

（1）现有生产条件下获利最大的方案。

（2）如白坯纸的供应数量不变，当工人数不足时可招收临时工，临时工工资支出为每人每月 40 元，则该厂要不要招收临时工？如要的话，招多少临时工最合适？

4　运输问题

在生产活动和日常生活中，人们常常需要将某些物资由空间的一个位置移动到另一个位置，这就产生了运输。随着社会和经济的发展，运输的物资种类变得越来越复杂，数量越来越多，运输的方式也越来越多样化。如何根据现有的交通网络，合理地制定调运方案，就是我们本章要学习的内容。

4.1　运输问题的数学模型

运输问题的典型情况是：已知某产品有 m 个生产地点 A_i，$(i = 1, 2, \cdots, m)$，各生产地点的产量分别是 a_i，$(i = 1, 2, \cdots, m)$，该产品有 n 个销地 B_j，$(j = 1, 2, \cdots, n)$，各销地的销量分别为 b_j，$(j = 1, 2, \cdots, n)$。假设从产地 $A_i(i = 1, 2, \cdots, m)$ 向销地 $B_j(j = 1, 2, \cdots, n)$ 的单位产品运输价格为 c_{ij}，问怎样制订调运方案才能使这些产品的总运费最少？

为了直观地表示上面的问题，我们可以将这些数据汇总于产销平衡表和单位运价表中，（见表4-1和表4-2）。有时也可以将这两个表合并为表4-3的形式，其中 $x_{ij}(i = 1, 2, \cdots, m; j = 1, 2, \cdots, n)$ 为产地 A_i 运往销地 B_j 的产品数量。

表4-1　　　　　　　　　　　产销平衡表

销地 / 产地	1	2	$\cdots$	n	产量(吨)
1					a_1
2					a_2
$\vdots$					$\vdots$
m					a_m
销量(吨)	b_1	b_2	$\cdots$	b_n	

表 4 - 2　　　　　　　　　　　单位运价表

销地＼产地	1	2	⋯	n	
1	c_{11}	c_{12}	⋯	c_{1n}	
2	c_{21}	c_{22}	⋯	c_{2n}	
⋮					⋮
m	c_{m1}	c_{m2}	⋯	c_{mn}	

表 4 - 3　　　　　　　　　产销平衡与单位运价合并表

销地＼产地	B_1		B_2		⋯		B_n		产量
A_1	x_{11}	c_{11}	x_{12}	c_{12}			x_{1n}	c_{1n}	a_1
A_2	x_{21}	c_{21}	x_{22}	c_{22}			x_{2n}	c_{2n}	a_2
⋯									⋯
A_m	x_{m1}	c_{m1}	x_{m2}	c_{m2}			x_{mn}	c_{mn}	a_m
销量	b_1		b_2		⋯		b_n		

如果运输问题的总产量等于其总销量，即

$$\sum_{i=1}^{m} a_i = \sum_{j=1}^{n} b_j \tag{4-1}$$

则称该运输问题为产销平衡运输问题；反之，则称之为产销不平衡运输问题。

产销平衡运输问题可以用以下数学模型来表示：

$$\min z = \sum_{i=1}^{m} \sum_{j=1}^{n} c_{ij} x_{ij}$$

$$\text{st.}\begin{cases} \sum_{j=1}^{n} x_{ij} = a_i & i = 1,\ 2,\ \cdots n \\ \sum_{i=1}^{m} x_{ij} = b_j & j = 1,\ 2,\ \cdots n \\ x_{ij} \geq 0 & i = 1,\ 2,\ \cdots m;\ j = 1,\ 2 \cdots n \end{cases} \tag{4-2}$$

其中式(4 - 2)中的约束条件中的常数 a_i 和 b_j 满足式(4 - 1)。

上述模型即运输问题的数学模型，它包含了 $m \times n$ 个变量、$m + n$ 个约束方程，其系数矩阵的结构比较松散，而且比较特殊。

$$\begin{array}{cccccccccccc}
x_{11} & x_{12} & \cdots & x_{1n} & x_{21} & x_{22} & \cdots & x_{2n} & \cdots & x_{m1} & x_{m2} & \cdots & x_{mn}
\end{array}$$

$$\left[\begin{array}{cccccccccccc}
1 & 1 & \cdots & 1 & & & & & & & & \\
 & & & & 1 & 1 & \cdots & 1 & & & & \\
 & & & & & & & & \ddots & & & \\
 & & & & & & & & & 1 & 1 & \cdots & 1 \\
1 & & & & 1 & & & & & 1 & & \\
 & 1 & & & & 1 & & & & & 1 & \\
 & & \ddots & & & & \ddots & & & & & \ddots \\
 & & & 1 & & & & 1 & & & & 1
\end{array}\right] \left.\begin{array}{l} \\ \\ \\ \end{array}\right\} m\ \text{行} \left.\begin{array}{l} \\ \\ \\ \end{array}\right\} n\ \text{行} \qquad (4-3)$$

该系数矩阵中对应变量 x_{ij} 的系数向量 A_{ij}，其分量中除第 i 个和 $m+i$ 个为 1 以外，其余的都为零，即

$$A_{ij} = (0, \cdots, 0, 1, 0, \cdots, 0, 1, 0, \cdots, 0)^T = e_i + e_{m+j}$$

由于产销平衡运输问题有以下关系式存在

$$\sum_{i=1}^{m} a_i = \sum_{i=1}^{m}\left(\sum_{j=1}^{n} x_{ij}\right) = \sum_{j=1}^{n}\left(\sum_{i=1}^{m} x_{ij}\right) = \sum_{j=1}^{n} b_j$$

所以，模型最多只有 $m+n-1$ 个独立的约束方程。由于有以上的一些特征，所以在求解运输问题时，可以采用比较简单的计算方法，即我们常称的表上作业法。

4.2 表上作业法

表上作业法是一种迭代方法，其求解工作在运输表上进行，迭代步骤为：先按某种规则找出一个初始的调运方案（初始可行解）；再对现行解作最优判别。若这个解不是最优解，则采用某种策略在运输表上进行改进，得出一个新解，再进行判别，再改进，直到得到运输问题的最优解为止。下面结合例题进行各步骤的讲解。

【例 4-1】红光公司经销一种产品，它下设三个加工产，每日产量分别为 $A_1 = 16$ 吨，$A_2 = 10$ 吨，$A_3 = 22$ 吨。该公司将产品分别运往四个销售点。各销售点每日销量为 $B_1 = 8$ 吨，$B_2 = 14$ 吨，$B_3 = 12$ 吨，$B_4 = 14$ 吨。合并运价表和产销平衡表如表 4-4 所示。问红光公司该如何调运产品，在满足各销售点的需要量的前提下，使总运费最少？

表 4-4　　　　　　　　　运价与产销平衡合并表

销地\产地	B_1	B_2	B_3	B_4	产量(吨)
A_1	4	12	4	11	16
A_2	2	10	3	9	10
A_3	8	5	11	6	22
销量(吨)	8	14	12	14	48

4.2.1　初始基可行解的确定方法

确定初始基可行解的方法很多，一般希望的方法即简便，又尽可能接近最优解。下面结合例题来介绍两种常见的方法：最小元素法和伏格尔（Vogel）法。

4.2.1.1　最小元素法

最小元素法的基本思想就是就近供应，即从单位运价表中最小运价开始确定供销关系，然后次小，一直到给出初始基可行解为止。以例题进行讨论。

第一步，从表4-5中找出 A_2 到 B_1 区间最小的单位运价是2最小，故先考虑将 A_2 的产品供应给 B_1。因 $a_2 > b_1$，故 A_2 除满足 B_1 的全部需求后，还可多余2吨产品。在表中的（A_2，B_1）处填入数字8，并将表中的 B_1 列划去，表示在以后的运输量分配时不再考虑 B_1。

第二步：在表4-5中未划去的元素在找出最小运价3，确定将 A_2 多余的2吨供应给 B_3，在表4-5中的（A_2，B_3）处填入数字2，并将表中的 A_2 行划去，表示在以后的运输量分配是不再考虑 A_2。

第三步：在表4-5中未划去的元素在找出最小运价；这样一步步进行下去，直到表4-5中的所有元素均被划去为止。

表4-5

产地＼销地	B_1		B_2		B_3		B_4		产量
A_1		4		12		4		11	~~16~~ ⑥
				10		6			
A_2		2		10		3		9	~~10~~ ②
				2					
A_3		8		5		11		6	~~22~~ ⑤
				14				8	
销量	8		14		12		14		48
	①		④		③		⑥		

这时候得到运输问题的一个初始解：$x_{13} = 10$，$x_{14} = 6$，$x_{21} = 8$，$x_{23} = 10$，$x_{31} = 14$，$x_{34} = 8$，其余变量为0。目标函数值

$$Z = \sum_{i=1}^{m} \sum_{j=1}^{n} c_{ij} x_{ij}$$
$$= 10 \times 4 + 6 \times 11 + 8 \times 2 + 2 \times 3 + 14 \times 5 + 8 \times 6 = 246$$

4.2.1.2　伏格尔（Vogel）法

最小元素法存在一个缺陷：为了节省一处的运费，有时候会造成其他处要多花费几倍的运费。伏格尔法考虑到：一产地的产品加入不能按最小运费就近供应时，就考

虑次小运费，这就存在一个差价。差价越大，说明不能按最小运费调运时，运费增加越多。因而对差额最大处，就应当采用最小运费调运。

我们再结合上例来进行说明。

首先计算运输表中每一行和每一列的次小单位运价和最小单位运价之间的差值，并分别称之为行罚数和列罚数。将算出来的行罚数填入运输表 4 - 6 右侧罚数栏的左边第一列对应的位置中，列罚数填入运输表下边列罚数第一行相应的位置。例如，A_1 行中的次小和最小单位运价均为 4，故行罚数为 0；A_2 行中的次小和最小单位运价分别为 3 和 2，故行罚数为 1；B_1 列中的次小和最小单位运价分别为 4 和 2，故列罚数为 2。如此进行，计算出本例中 A_1、A_2、A_3 的行罚数分别为 0、1 和 1；B_1、B_2、B_3 和 B_4 的列罚数分别为 2、5、1 和 3。在这些罚数中，最大值为 B_2 的列罚数，我们在图中用圆圈标注。由于 B_2 列中的最小单位运价是位于 (A_3, B_2) 中的 5，故在 (A_3, B_2) 中填入尽可能大的运量 14，此时 B_2 的需要量得到满足，划去 B_2 列。

表 4 - 6

产地＼销地	B_1	B_2	B_3	B_4	产量	行罚数 1	2	3	4	5
A_1	4	12 〔12〕	4 〔 〕	11 〔4〕	16	0	0	0	⑦	0
A_2	2 〔8〕	10	3	9 〔2〕	10	1	1	1	6	0
A_3	8	5 〔14〕	11	6 〔8〕	22	1	2			
销量	8	14	12	14	48					

列罚数		B_1	B_2	B_3	B_4
	1	2	⑤	1	3
	2	2		1	③
	3	②		1	2
	4			1	2
	5				②

在尚未划去的各行和各列中，重新计算各行罚数和列罚数，并分别填入行罚数栏中的第 2 列和列罚数的第 2 行。例如，在 A_3 行中剩下的次小单位运价和最小单位运价分别为 8 和 6，故其罚数为 2。由表中填入这一次计算的各罚数可知，最大者位于 B_4 列，由于 B_4 列中最小单位运价为 6，故在 (A_3, B_4) 中填入最大可能调运量 8，并划去 A_3 行。

不断重复上述步骤，一次算出每次迭代的行罚数和列罚数，根据其最大罚数值的位置在运输表中的合适位置填入一个尽可能大的运输量，并划去对应的行或列。用这种方法得到运输问题的初始基可行解是：$x_{13} = 12$，$x_{14} = 4$，$x_{21} = 8$，$x_{24} = 2$，$x_{32} = 14$，$x_{34} = 8$，其余变量为0。目标函数值

$$Z = 12 \times 4 + 4 \times 11 + 8 \times 2 + 2 \times 9 + 14 \times 5 + 8 \times 6 = 244$$

此方法计算出的目标函数值优于最小元素法给出的值。一般说来，伏格尔法得出的初始解质量最好，常常用来作为运输问题最优解的近似解。

4.2.2　最优解的判别

得到运输问题的初始基可行解后，即应该对这个解进行判别。判别的方法是计算空格(非基变量）的检验数。因运输问题的目标函数是要求最小化，故当所有的检验数大于或等于0时，为最优解。下面介绍两种常用的检验方法：闭回路法和位势法。

4.2.2.1　闭回路法

在给出的调运方案的计算表上，从每一空格出发找一条闭回路。它是以某一空格为起点，用水平或垂直线向前划，每碰到一个数字格转90°后继续前进，直到回到起始空格为止。图4 - 1展示了几种可能的闭回路的形式。

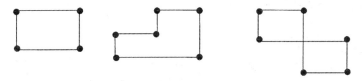

图4 - 1　闭回路的形式图

从每一个空格出发一定存在和找到唯一的闭回路，因$(m + n - 1)$个数字格(基变量）对应的系数向量是一个基。任意空格(非基变量)对应尚未系数向量数这个基的线性组合。

现结合例题中用最小元素法给出的初始基可行解说明检验数的计算方法。

首先考虑表4 - 5中$(A_1，B_1)$，设想由产地A_1供应1个单位的产品给B_1，为使运入B_1的产品总数不大于它的销量，就应当将A_2的运到B_1的数量减去1个单位，即将$(A_2，B_1)$的数值由8改为7；另外，为了使产地运出的产品总数正好等于它的产量，且保持最新的到的解仍为基可行解，将x_{23}由原来的2增加1；然后将x_{13}由10减去1，使运入销地B_3的产品数量正好等于它的销量，同时使由A_1运出的产品数量正好的等于它的产量。那么这样的调整将影响到x_{11}、x_{21}、x_{23}、x_{13}这四个变量的取值。这些变量中除x_{11}外，其他都是填有数字的空格。按照上述调整，由产地A_1供给1个单位的产品给销地B_1，由此引起的总运费的变化为：$c_{11} - c_{21} + c_{23} - c_{13} = 1$，根据检验数的定义，它正是非基变量$x_{11}$的检验数。调整过程见表4 - 7。

表 4 - 7

产地＼销地	B_1		B_2		B_3		B_4		产量（吨）
A_1		4		12		4	11	6	16
A_2	8	2	2	10		3		9	10
A_3		8	14	5		11	8	6	22
销量（吨）	8		14		12		14		48

我们可以按照同样的方法求得其他非基变量的检验数如下：

$$\sigma_{12} = c_{12} - c_{32} + c_{34} - c_{14} = 2$$
$$\sigma_{22} = c_{22} - c_{32} + c_{34} - c_{14} + c_{13} - c_{23} = 1$$
$$\sigma_{24} = c_{24} - c_{14} + c_{13} - c_{23} = -1$$
$$\sigma_{31} = c_{31} - c_{21} + c_{23} - c_{13} + c_{14} - c_{34} = 10$$
$$\sigma_{33} = c_{33} - c_{34} + c_{14} - c_{13} = 12$$

由于存在 $\sigma_{24} = -1 < 0$，故该解不是最优解。

4.2.2.2 位势法

用闭回路法求检验数时，需给每一个空格找一条闭回路。当产销点很多时，这种计算就比较繁琐。下面我们介绍较为简便的方法 —— 位势法。位势法求检验数是根据对偶理论推导出来的一种方法。

对产销平衡问题式(4 - 2)，若用 u_1，u_2，$\cdots$，u_m 分别表示前 m 个约束等式对应的对偶变量，用 v_1，v_2，$\cdots$，v_n 分别表示后 n 个约束等式对应的对偶变量，即有对偶变量

$$Y = (u_1, u_2, \cdots, u_m, v_1, v_2, \cdots, v_n)$$

这是可将运输问题的对偶规划写成

$$\max z' = \sum_{i=1}^{m} a_i u_i + \sum_{j=1}^{n} b_j v_j$$
$$\begin{cases} u_i + v_i \leqslant C_{ij}, \ i = 1, 2, \cdots, m; \ j = 1, 2, \cdots, n \\ u_i, \ v_i \ 无约束 \ i = 1, 2, \cdots, m; \ j = 1, 2, \cdots n \end{cases} \quad (4 - 4)$$

由线性规划问题的对偶理论可知，线性规划问题变量 x_j 的检验数可表示为：

$$\sigma_j = c_j - z_j = c_j - YP_j$$

由此可以写出运输问题某变量 x_{ij} 的检验数如下：

$$\begin{aligned} \sigma_{ij} &= c_{ij} - z_{ij} = c_{ij} - YP_{ij} \\ &= c_{ij} - (u_1, u_2, \cdots, u_m, v_1, v_2, \cdots, v_n)P_{ij} \\ &= c_{ij} - (u_i + v_j) \end{aligned} \quad (4 - 5)$$

现假设我们已经得到了运输问题的一个基可行解，其变量为：

$$x_{i_1 j_1}, \ x_{i_2 j_2}, \ \cdots x_{i_s j_s}, \ s = m + n - 1$$

由于基变量的检验数等于 0，故对这组基变量可写出方程组

$$\begin{cases} u_{i_1} + v_{j_1} = c_{i_1 j_1} \\ u_{i_2} + v_{j_2} = c_{i_2 j_2} \\ \cdots \\ u_{i_s} + v_{j_s} = c_{i_s j_s} \end{cases} \tag{4-6}$$

显然，这个方程组有 $m + n - 1$ 个方程。运输表中每个产地和每个销售地都对应原运输问题的一个约束条件，从而也对应各自的一个对偶变量。由于运输表中每行和每列都含有基变量，可知上面的方程组中含有全部 $m + n$ 个对偶变量。

可以证明，方程组(4-6)有解，由于对偶变量个数大于方程个数，故解不唯一。我们将方程组(4-6)的解称为位势。

若由方程组(4-6)解得到的某组解满足式(4-4)的所有条件约束，即对所有的 i 和 j 均有

$$\sigma_{ij} = c_{ij} - (u_i + v_j) \geq 0$$

即这组对偶变量(位势)对偶可行，由对偶问题的互补松弛的性质可得

$$(YA - C)X = 0$$

从而这时得到的解

$$X = (X_B, \ X_N) = (x_{i_1 j_1}, \ x_{i_2 j_2}, \ \cdots x_{i_s j_s}, \ 0, \ 0, \ \cdots 0)^T$$
$$s = m + n - 1$$

和 $Y = (u_1, \ u_2, \ \cdots, \ u_m, \ v_1, \ v_2, \ \cdots, \ v_n)$ 分别为原问题和对偶问题的最优解。

若由若由方程组(4-6)解得到的解不满足式(4-4)的所有条件约束，即非基变量的检验数有负值存在，则上面得到的运输问题的解不是最优解，需要进行解的调整。

下面我们用位势法对前面的例题求出的做最优性检验。

(1) 在表中增加一位势列 u_i 和位势行 v_j，得到表 4-8。

表 4-8

产地\销地	B_1	B_2	B_3	B_4	产量	u_i
A_1	4	12	4 10	11 6	16	$u_1(1)$
A_2	2 8	10	3 2	9	10	$u_2(0)$
A_3	8	5 14	11	6 8	22	$u_3(4)$
销量	8	14	12	14	48	
v_j	$v_1(2)$	$v_2(9)$	$v_3(3)$	$v_4(10)$		

（2）计算位势。可先建立方程组

$$\begin{cases} u_1 + v_3 = 4 \\ u_1 + v_4 = 11 \\ u_2 + v_1 = 2 \\ u_2 + v_3 = 3 \\ u_3 + v_2 = 5 \\ u_3 + v_4 = 6 \end{cases}$$

在求解方程组时，可任意指定一变量为0，比如令 $u_2 = 0$ 得：

$u_1 = 1$，$u_3 = -4$，$v_1 = 2$，$v_2 = 9$，$v_3 = 3$，$v_4 = 10$

将上述位势填入表中 u_i 和 v_j 相应的位置中。

（3）计算检验数。

有了位势 u_i 和 v_j 后，即可通过式（4-5）来计算检验数，并填入表4-9中。

表4-9

销地 产地	B_1	B_2	B_3	B_4	u_i
A_1	4 1	12 2	4	11	1
A_2	2 2	10	3	9 -1	0
A_3	8 10	5	11 12	6	-4
销量	8	14	12	14	
v_j	2	9	3	10	

因 $\sigma_{24} = -1 < 0$，故这个解不是最优解。

4.2.3 解的改进方法

当我们用闭回路法或伏格尔法对运输问题的解进行检验时，如果在表中空格处出现负检验数时，表明未得到最优。这时我们可以用闭回路调整法来调整。

闭回路调整法的思想是在运输表中找出负检验数空格对应的闭回路 L_{ij}，在满足所有约束的前提下，尽量使 x_{ij} 增大并相应调整此闭回路上其他顶点的运输量，以得到另一个更好的基可行解。

解改进的具体步骤为：

（1）以 x_{ij} 为换入变量，找出它在运输表中的闭回路；

（2）以 (A_i, B_i) 为第一个奇数顶点，沿闭回路的顺（或逆）时针方向前进，对闭回

路上的顶点依次编号;

(3) 在闭回路上的所有偶数顶点中,找出运输量最小的顶点 $\min(x_{ij})$,以该顶点中的变量为换出变量;

(4) 以 $\min(x_{ij})$ 为调整量,将该闭回路上所有编号为奇数的顶点处的运输量都增加这一调整量,所有编号为偶数的顶点处的运输量都减去这一调整量,从而得到新的一个运输方案。该方案的总运费比原运输方案减少 $\sigma_{ij}(\min(x_{ij}))$。

然后在采用闭回路法或伏格尔法对新运输方案进行最优性检验,如不是最优解,就重复以上步骤继续进行调整,一直到得出最优解为止。

【例 4 - 2】 对例 4 - 1 中用最小元素法得出的解进行改进。

解 在例 4 - 1 中已经计算出这个解的检验数,由于 $\sigma_{24} = -1 < 0$,故以 x_{24} 为换入变量,它对应的闭回路如表 4 - 10 所示:

表 4 - 10

产地＼销地	B_1	B_2	B_3	B_4	产量
A_1	4	12	(+ 2)　4 10	(- 2)　11 6	16
A_2	2 8	10	(- 2)　3 2	9 (+ 2)	10
A_3	8	5 14	11	6 8	22
销量	8	14	12	14	48

该闭回路的偶数顶点位于 (A_1, B_4) 和 (A_2, B_3),由于

$$\min(x_{14}, x_{23}) = 2$$

故对应解作如下调整:

$$x_{24}: \text{加 } 2; \quad x_{14}: \text{减 } 2; \quad x_{13}: \text{加 } 2; \quad x_{23}: \text{减 } 2。$$

得到的新的基可行解为 $x_{13} = 12$,$x_{14} = 4$,$x_{21} = 8$,$x_{24} = 2$,$x_{32} = 14$,$x_{34} = 8$,其他为非基变量。此时目标函数值为 244。

现在再用位势法或闭回路法对新解进行检验,其检验数列示于表 4 - 11。由于所有的非基变量的检验数全部非负,故这个解为最优。

表 4 – 11

销地 产地	B_1	B_2	B_3	B_4	产量
A_1	1 4	2 12	4	11	16
A_2	2	2 10	1 3	9	10
A_3	9 8	5	12 11	6	22
销量	8	14	12	14	48

4.2.4 表上作业法计算中的几个问题

4.2.4.1 无穷多最优解

当迭代到运输问题的最优解时，如果有某非基变量的检验数等于零，则说明该运输问题有无穷多最优解。

4.2.4.2 退化

当运输问题某部分产地的产量和与某一部分销地的销量和相等时，在迭代过程中有可能在某个格中填入一个运量时需同时划去运输表中的一行和一列，这时就出现了退化。为了使表上作业法的迭代工作能够顺利进行下去，退化时应在同时划去的一行或一列的某一个格中填入数字 0，表示这个格中的变量时取值为 0 的基变量，是迭代过程中基变量的个数保持不变。

4.2.4.3 多个非基变量的检验数为负

运输问题的某一基可行解有多个非基变量对应的检验数为负，在下一步迭代中可取其中任一非基变量进行换基迭代，均能使目标函数值得到改善，但通常取检验数中最小者对应的变量为换入变量。

4.3 产销不平衡的运输问题

前面讲的表上作业法都是产销平衡，即以

$$\sum_{i=1}^{m} a_i = \sum_{j=1}^{n} b_j$$

为前提。但在实际中，产销往往是不平衡的。这时候就需要将产销不平衡的问题转换为产销平衡的问题。

当产大于销时

$$\sum_{i=1}^{m} a_i > \sum_{j=1}^{n} b_j$$

产销不平衡的运输问题可以用以下数学模型来表示：

$$\min z = \sum_{i=1}^{m} \sum_{j=1}^{n} c_{ij} x_{ij}$$

$$\text{s. t.} \begin{cases} \sum_{j=1}^{n} x_{ij} \leqslant a_i & i = 1, 2, \cdots n \\ \sum_{i=1}^{m} x_{ij} = b_j & j = 1, 2, \cdots n \\ x_{ij} \geqslant 0 & i = 1, 2, \cdots m; j = 1, 2 \cdots n \end{cases}$$

为借助于产销平衡时的表上作业法求解，可增加一个假想的销地 B_{n+1}，由于实际中它不存在，因而由产地 A_i 调运到 B_{n+1} 的物品数量为 $x_{i, n+1}$ 数，实际上就是储存在 A_i 的物品数量。故可令其单位运价 $c_{i, n+1} = 0 (i = 1, 2, \cdots, m)$。

若令假想销地的销量为 b_{n+1}，且 $b_{n+1} = \sum_{i=1}^{m} a_i - \sum_{j=1}^{n} b_j$ 则模型可以调整为：

$$\min z = \sum_{i=1}^{m} \sum_{j=1}^{n+1} c_{ij} x_{ij}$$

$$\text{s. t.} \begin{cases} \sum_{j=1}^{n+1} x_{ij} \leqslant a_i & i = 1, 2, \cdots n \\ \sum_{i=1}^{m} x_{ij} = b_j & j = 1, 2, \cdots n + 1 \\ x_{ij} \geqslant 0 & i = 1, 2, \cdots m; j = 1, 2 \cdots, n + 1 \end{cases}$$

对于总销量大于总产量的情形，可以仿照上述的处理方法，即增加一个假想的产地 A_{m+1} 处，它的产量等于 $a_{m+1} = \sum_{j=1}^{n} b_j - \sum_{i=1}^{m} a_i$。

由于这个假想的产地并不存在，求出由它发往的各个销地的产品数量 $x_{m+1, j}$，实际上是各销地 b_j 所需物品的欠缺额，显然有

$$c_{m+1, j} = 0 (j = 1, 2 \cdots, n)$$

【例 4 - 3】设有三个化工厂供应四个地区的农用化肥，各厂的化肥生产量、各地区年需求量以及从各化肥厂到各地区的运送单位化肥运价表如表 4 - 12 所示。试求出总的运费最节省的化肥调拨方案。

表 4 - 12　　　　　　　三个化工厂生产量、需求量和运价表

需求地区 / 化肥厂	B_1	B_2	B_3	B_4	产量(万吨)
A_1	16	13	22	17	50
A_2	14	13	19	15	60
A_3	19	20	23	—	50
最低需求(万吨)	30	70	0	0	
最高需求(万吨)	50	70	30	不限	

这是一个产销不平衡的运输问题，总产量为 160 万吨，四个地区的最低需求为 11 万吨，最高需求为无限。根据现有产量，B_4 每年最多，分配到 60 万吨，这样最高需求为 210 万吨，大于产量。为了求得平衡，在产销平衡表中增加一个假想的化肥厂 A_4，其年产量为 50 万吨。由于各地区的需要量包含两部分，如 B_1，其中 30 万吨为最低需求，故不能由假想化肥厂 A_4 来供给，我们可以令相应的运价为 M（M 为任意大的整数），而另外的 20 万吨需求，满足或不满足均可，因此可以由假想化肥厂 A_4 来供给，可令相应的运价为 0。凡是需求为两种类型的地区，均可按照两个地区来看待，这样我们可以得到新的运价表和产销平衡表如表 4 – 13 所示：

表 4 – 13　　　　　　　　运价和产销平衡表

需求地区 ＼ 化肥厂	B_1'	B_1''	B_2	B_3	B_4'	B_4''	产量（万吨）
A_1	16	16	13	22	17	17	50
A_2	14	14	13	19	15	15	60
A_3	19	19	20	23	M	M	50
A_4	M	0	M	0	M	0	50
销量（万吨）	30	20	70	30	10	50	

根据表上作业法计算，可以求得这个问题的最优方案如表 4 – 14 所示：

表 4 – 14

需求地区 ＼ 化肥厂	B_1'	B_1''	B_2	B_3	B_4'	B_4''	产量（万吨）
A_1			50				50
A_2			20		10	30	60
A_3	30	20					50
$A4$				30		20	50
销量（万吨）	30	20	70	30	10	50	

习　题

4.1　试用伏格尔法给出下列两个运输问题（表 4 – 15 和表 4 – 16）的近似最优解（表中 M 为任意大正数）。

表 4 - 15

销 地 产 地	B_1	B_2	B_3	产量(吨)
A_1	5	1	8	12
A_2	2	4	1	14
A_3	3	6	7	4
销量(吨)	9	10	11	

表 4 - 16

销 地 产 地	B_1	B_2	B_3	B_4	B_5	产量(吨)
A_1	10	2	3	15	9	25
A_2	5	10	15	2	4	30
A_3	15	5	14	7	15	20
A_4	20	15	13	M	8	30
销量(吨)	20	20	30	10	25	

4.2 请用表上作业法求出下列运输问题(表 4 - 17 和表 4 - 18)的最优解。

表 4 - 17

销 地 产 地	B_1	B_2	B_3	B_4	产量(吨)
A_1	3	7	6	4	5
A_2	2	4	3	2	2
A_3	4	3	8	5	3
销量(吨)	3	3	2	2	

表 4 - 18

销 地 产 地	B_1	B_2	B_3	B_4	B_5	产量(吨)
A_1	10	18	29	13	22	100
A_2	13	M	21	14	16	120
A_3	0	6	11	3	M	140
A_4	9	11	23	18	19	80
A_5	24	28	36	30	34	60
销量(吨)	100	120	100	60	34	

4.3 某公司生产的产品有 3 个产地 A_1、A_2、A_3，要把产品运送到 4 个地点 B_1、B_2、B_3、B_4 进行销售。各产地的产量、各销售地点的销售量和各产地运往各销售地的每吨产品的运价如表 4 - 19 所示。

表 4 - 19　　　　　　　　　某公司每吨产品运价表

产地＼销地	B_1	B_2	B_3	B_4	产量(吨)
A_1	5	11	8	6	750
A_2	10	19	7	10	210
A_3	9	14	13	15	600
销量(吨)	350	420	530	260	1560

问该公司如何调运，可使得总运输费用最少？

4.4 判断下面各表(表 4 - 20、表 4 - 21 和表 4 - 22)中给出的调运方案能否作为表上作业法求解时的初始解，为什么？

表 4 - 20　　　　　　　　　调运方案一

产地＼销地	B_1	B_2	B_3	B_4	B_5	B_6	产量(吨)
A_1	20	10					30
A_2		30	20				50
A_3			10	10	50	5	75
A_4						20	20
销量(吨)	20	40	30	10	50	25	

表 4 - 21　　　　　　　　　调运方案二

产地＼销地	B_1	B_2	B_3	B_4	B_5	B_6	产量(吨)
A_1					30		30
A_2	20	30					50
A_3		10	30	10		25	75
A_4					30	20	20
销量(吨)	20	40	30	10	50		

表 4 – 22　　　　　　　　　　　　调运方案三

产地＼销地	B_1	B_2	B_3	B_4	产量（吨）
A_1			6	5	11
A_2	5	4		2	11
A_3		5	3		8
销量（吨）	5	9	9	7	

4.5　已知运输问题的产销地、产销量及各产销地之间的单位运价表如表 4 – 23 和表 4 – 24 所示，请据此分别列出其数学模型。

表 4 – 23　　　　　　　　　　运输单位运价表（一）

产地＼销地	甲	乙	丙	产量（吨）
1	20	16	24	300
2	10	10	8	500
3	M	18	10	100
销量（吨）	200	400	300	

表 4 – 24　　　　　　　　　　运输单位运价表（二）

产地＼销地	甲	乙	丙	产量（吨）
1	10	16	32	15
2	14	22	40	7
3	22	24	34	16
销量（吨）	12	18	20	

4.6　某飞机制造厂根据合同要在当年算起的连续三年年末各提供三架同等规格的教练机。已知该厂今后三年的生产能力及生产成本如表 4 – 25 所示。

表 4 – 25　　　　　某飞机制造厂三年的生产能力和生产成本表

年度	正常生产时可完成的教练机架数（架）	加班生产时可完成的教练机架数（架）	正常生产时每架教练机的成本（万元）
1	2	3	500
2	4	2	600
3	1	3	500

已知加班生产条件下每架教练机的成本比正常生产时高出 70 万元。又已知造出的

教练机当年不交货，每架教练机每积压一年增加的维修保养费的损失为 40 万元。在签订合同时，该厂有两架未交货的教练机，该厂希望在第三年年末交完合同任务后能存储一架备用。问该厂该如何安排计划，使在满足上述要求的条件下，让总的费用支出最少？

4.7 为确保飞行的安全，飞机的发动机每半年必须强迫更换进行大修。某发动机维修厂估计某种型号的战斗机从下一个半年算起的今后三年内每半年发动机的更换需要量分别为：100，70，80，120，150，140。更换发动机时可以换上新的，也可以使用经过大修的旧的发动机。已知每台新的发动机的购置费用为 10 万元，而旧发动机的维修有两种方式：快修，每台 2 万元，半年交货；慢修，每台 1 万元。设该厂接受该项发动机的更换维修服务，又知这种型号的战斗机将在三年后退役，退役后这种发动机将报废。问在今后三年的每半年内，该厂为满足维修需要各新购、送去快修和慢修的发动机数各为多少，能让总的维修费用最少？

4.8 甲、乙、丙三个城市每年分别需要天然气 320 亿立方米、250 亿立方米、350 亿立方米，由 A、B 两处天然气产地负责供应。已知天然气供应量为 A—400 亿立方米，B—450 亿立方米。由天然气产地至各城市的单位管道运输费用（万元／亿立方米）见表 4-26。

表 4-26 单位管道运输费用表

	甲	乙	丙
A	150	180	220
B	210	250	160

由于需大于供，经研究平衡决定，甲城市供应量可减少 0 ~ 30 亿立方米，乙城市需要量应全部满足，丙城市供应量不少于 270 亿立方米。试求将供应量分配完又使总运费为最低的调运方案。

4.9 红光仪器厂生产电脑绣花机是以产定销的。已知 1 ~ 6 月份每个月的生产力，合同销量和单台电脑绣花机的平均生产费用如表 4-27 所示。

表 4-27 红光仪器厂 1 ~ 6 月份平均生产费用表

月份 \ 项目	正常生产能力（台）	加班生产能力（台）	销量（台）	单台费用（万元）
1	60	10	104	15
2	50	10	75	14
3	90	20	115	13.5
4	100	40	160	13
5	100	40	103	13
6	100	40	103	13
销量（吨）	80	40	70	13.5

已知上年末库存为 103 台，如果当月生产出来的绣花机不交货，则要运到分厂库房，每台增加运输成本 0.1 万元，每台机器每月的仓储费、维护费为 0.2 万元。7~8 月为销售淡季，全厂停产 1 个月，因此在 6 月份完成销售合同后还要留出库存 80 台。加班生产机器每台增加成本 1 万元。问如何安排 1~6 月份生产，可使总的生产费用(包括运输、仓储、维护)最少?

4.10　设有某种物资从 A_1、A_2……A_6 运往 B_1、B_2……B_4，其收发量如图 4-2 所示，求最优调运方案。

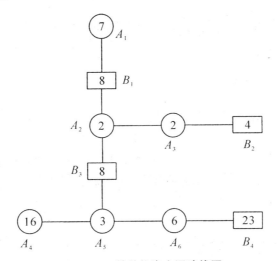

图 4-2　某种物资交通路线图

5 整数规划

5.1 整数规划问题的数学模型

5.1.1 整数规划问题的提出

在线性规划问题的求解中，有些最优解可能是小数，但对于某些具体的问题，常常要求求解的结果为整数。例如，所求解的是航班的次数、机器的台数或完成工作的人数等，小数的解答就不符合要求。为了满足整数解的要求，我们必须采用合理的方法来找到整数解。初看起来，获得整数解似乎只要把已求得的带有小数的解经过"化零为整"就可以了。但这样得到的结果常常并非所求问题的最优解，因为化整之后的解不见得是可行解；或者尽管是可行解，但不一定是最优解。因此，求最优整数解的问题与一般的线性规划问题是有一定区别的。在运筹学中，我们称这样一类问题为整数规划（Integer Programming），简称 IP。

现举例说明用单纯型法求得的解不能保证是整数最优解。

【例 5-1】某人有一背包可以装 10 千克重、0.025 立方米的物品。他准备用来装甲、乙两种物品，每件物品的重量、体积和价值如表 5-1 所示。问两种物品各装多少件，所装物品的总价值最大？

表 5-1 甲、乙物品情况明细表

物品	重量（千克/件）	体积（立方米/件）	价值（元/件）
甲	1.2	0.002	4
乙	0.8	0.0025	3

现在我们解这个问题，设 x_1、x_2 分别为甲、乙两种物品所装的件数（件数均为非负整数），那么这是一个整数规划问题，用数学式可以表示为：

$$\max Z = 4x_1 + 3x_2$$

$$\text{s. t.} \begin{cases} 1.2x_1 + 0.8x_2 \leqslant 10 \\ 2x_1 + 2.5x_2 \leqslant 25 \\ x_1, \ x_2 \geqslant 0 \\ x_1, \ x_2 \text{ 均取整数} \end{cases} \quad (5-1)$$

如果不考虑 x_1、x_2 取整数的约束（称为式（5-1）的松弛问题），线性规划的可行域如图 5 - 1 中的阴影部分所示。

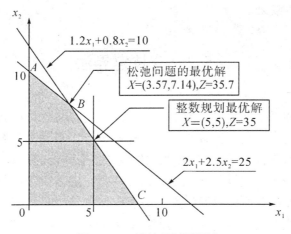

图 5 - 1　线性规划可行域

用图解法求得点 B 为最优解：$X = (3.57, 7.14)$，$Z = 35.7$。由于 x_1、x_2 必须取整数值，实际上整数规划问题的可行解集只是图中可行域内的那些整数点。用凑整法来解时需要比较四种组合，但 $(4, 7)$、$(4, 8)$、$(3, 8)$ 都不是可行解，$(3, 7)$ 虽属可行解，但代入目标函数得 $Z = 33$，并非最优。实际上问题的最优解是 $(5, 5)$，$Z = 35$，即两种物品各装 5 件，总价值 35 元。

由图 5 - 1 知，点 $(5, 5)$ 不是可行域的顶点，直接用图解法或单纯形法都无法求出整数规划问题的最优解，因此求解整数规划问题的最优解需要采用其他特殊方法。

5.1.2　整数规划数学模型的一般形式

要求一部分或全部决策变量必须取整数值的规划问题我们称之为整数规划。不考虑变量取值的整数约束条件，由余下的目标函数和约束条件构成的规划问题称之为整数规划问题的松弛问题。若松弛问题为一个线性规划，则称该整数规划为现行整数规划（Integer Linear Programming）。整数线性规划数学模型的一般形式为：

$$\max(\text{或 } \min)z = \sum_{j=1}^{n} c_j x_j \tag{5 - 2a}$$

$$\text{s. t.} \begin{cases} \sum_{j=1}^{n} a_{ij} x_j \leqslant (\text{或 } =, \text{ 或 } \geqslant) b_i & (5 - 2b) \\ x_j \geqslant 0 \ j = 1, 2, \cdots, n & (5 - 2c) \\ x_1, x_2, \cdots x_n \text{ 中部分或全部取整数} & (5 - 2d) \end{cases}$$

整数线性规划问题可以划分为以下几类：

（1）纯整数线性规划（Pure Integer Linear Programming）：指全部决策变量都必须取整数值的整数线性规划。

（2）混合整数线性规划（Mixed Integer Linear Programming）：指全部决策变量中的一部分必须取整数值，另外一部分可以不取整数值的整数线性规划。

（3）0-1型整数线性规划（Zero-one Integer Linear Programming）：指决策变量只能取0或1的整数线性规划。

5.2 分枝定界法

在求解整数规划时，如果可行域是有界的，首先容易想到的方法是穷举决策变量的所有可行的整数组合，然后比较它们的目标函数可以得到最优解。对于变量比较少的问题，可行的整数解组合也比较少时，这种方法是可行的。对于变量很多的问题，枚举变量的可行组合数会呈几何级数增长，很明显，随着决策变量数量的增加，通过穷举的方法是不可取的。所以我们的方法一般应该是希望只检查可行的整数组合的一部分，就能找出最优的整数解。分枝定界法（Branch and Bound Method）就是其中的一种方法。

分枝定界法实质上是一种搜索算法，其基本方法是根据某种搜索策略将原问题的可行域分解为越来越多但越来越小的子域，并比较各个子域整数解的大小，直到找到最好的整数解或证明不存在整数解。

设有最大化的整数规划问题A，与它对应的线性规划问题的松弛问题为B_0。从解问题B开始，若其最优解不符合A的整数约束条件，那么B的最优目标函数必然是A的最优目标函数的z^*上界，记做作$\bar{z}$。而A的任意可行解的目标函数将是z^*的一个下界，记作$\underline{z}$。分枝定界法就是将B的可行域分成子区域（称为分枝）的方法。逐步减少上界和增大上界，最终求得z^*。现通过举例进行说明：

【例5-2】 求解下面的整数规划问题A。

$$\max Z = 40x_1 + 90x_2$$

$$\text{s. t.} \begin{cases} 9x_1 + 7x_2 \leqslant 56 \\ 7x_1 + 20x_2 \leqslant 70 \\ x_1, \ x_2 \geqslant 0 \\ x_1, \ x_2 \text{ 均取整数} \end{cases} \quad (5-3)$$

解 先求解整数规划问题对应的线性规划问题的松弛问题，即不考虑x_1、x_2均取整数的约束，得最优解

$$x_1 = 4.81, \ x_2 = 1.82, \ z_0 = 356$$

可见它不符合整数约束条件。此时z_0是问题A的最优目标函数值的z^*上界，记作$z_0 = \bar{z}$。很明显，$x_1 = 0$，$x_2 = 0$时是问题A的一个整数可行解，这时候$\underline{z} = 0$，这是z^*的一个下界，记作$\underline{z} = 0$，即$0 \leqslant z^* \leqslant 356$。

分枝定界法的解法，要注意其中一个非整数变量的解，例如x_1在问题B的解中$x_1 = 4.81$，于是对原问题增加两个约束条件

$$x_1 \leqslant 4, \ x_1 \geqslant 5$$

可将原问题分解为两个子问题B_1和B_2两枝，给每枝增加一个约束条件，如图5-2所

示，并不影响问题 A 的可行域，不考虑整数条件下解问题 B_1 和 B_2，称此为第一次迭代，得到最优解为：

表 5 - 2 第一次迭代最优解

问题 B_1	问题 B_2
$z_1 = 349$	$z_2 = 341$
$x_1 = 4$	$x_1 = 5$
$x_2 = 2.1$	$x_2 = 1.57$

显然没得到全部变量为整数的解，因为 $z_1 > z_2$，故将 $\bar{z}$ 改为 349，得到 z^* 的范围是

$$0 \leq z^* \leq 349$$

继续对问题 B_1 和 B_2 进行分解，因 $z_1 > z_2$，故将 B_1 分解为两枝，其中 $x_2 \leq 2$ 那一枝设为问题 B_3，$x_2 \geq 4$，那一枝设为问题 B_4，在图中再舍去 $x_2 > 2$ 与 $x_2 < 3$ 之间的可行域，再进行第二次迭代，得到最优解为：

表 5 - 3 第二次迭代最优解

问题 B_3	问题 B_4
$Z_3 = 340$	$Z_4 = 327$
$x_1 = 4$	$x_1 = 1.42$
$x_2 = 2$	$x_2 = 3$

解题的过程都列在图 5 - 2 中，可见问题 B_3 的解已经都是整数，它的目标函数值 $z_3 = 340$，可取为 $\underline{z}$，而它大于问题 B_4 的最优解 z_4，故有再对问题 B_4 进行分枝的必要。而问题 B_2 的 $z_2 = 341$，所以 z^* 可能在 $340 \leq z^* \leq 341$ 之间有整数解，于是对问题 B_2 进行分枝，其中 $x_2 \leq 1$ 那一枝设为问题 B_5，$x_2 \geq 2$，那一枝设为问题 B_6，再进行第三次迭代，得到最优解为：

表 5 - 4 第三次迭代最优解

问题 B_5	问题 B_6
$Z_5 = 308$	
$x_1 = 5.44$	无可行解
$x_2 = 308$	

可以看到，问题 B_5 的解即非整数解，而且 $Z_5 = 308 < Z_3 = 340$，问题 B_6 无可行解，故可以断定

$$z_3 = \underline{z} = z^* = 340$$

问题 B_3 的解 $x_1 = 4$ 和 $x_2 = 2$ 为最优整数解。

总结用分枝定界法求解整数规划（最大化）问题的步骤为：

先将要求解的整数规划问题成为问题 A，将与之对应的线性规划问题的松弛问题成

为 B。

（1）求解问题 B，可能得到以下几种情况之一：

① B 没有可行解，则 A 也没有可行解，停止计算。

② B 有最优解，并符合问题 A 的整数条件，B 的最优解即为 A 的最优解，停止计算。

③ B 有最优解，但不符合 A 的整数条件，记它的目标函数值为 $\bar{z}_0$。

（2）用观察法找到问题 A 的一个整数可行解，求得其目标函数值，并记作 z，以 z^* 代表问题 A 的最优目标函数值。这时有

$$z \leqslant z^* \leqslant \bar{z}$$

进行迭代。

第一步：分枝，在 B 的最优解中任意选一个不符合整数条件的变量 x_j，其值为 b_j，以 $[b_j]$ 表示 b_j 的最大整数。构造两个约束条件

$$x_j \leqslant [b_j] \quad \text{和} \quad x_j \geqslant [b_j] + 1$$

将这两个约束条件分别加入问题 B，构造成两个新的线性规划，然后求出这两个线性规划问题对应的松弛问题。

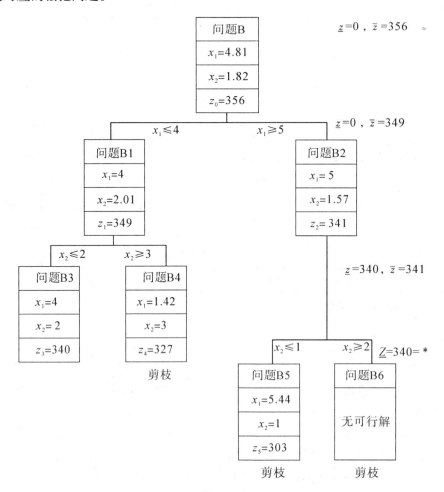

图 5 - 2

定界，以每一个新构造的后继问题作为一分枝标明求解结果，与其他问题的解的结果进行比较，找出最优目标函数值最大者作为新的上界 $\bar{z}$。从符合整数条件的各分枝中找出目标函数值为最大者作为新的下界 $\underline{z}$。

第二步：比较与剪枝、各分支的最优目标函数中若有小于 $\underline{z}$ 者，则将此枝剪去，即以后不再予以考虑了；若大于 $\underline{z}$，且不符合整数条件，则重复第一步骤，一直最后得到 $z^* = \underline{z}$ 为止，得到最优整数解。

还有一种求解整数规划问题的方法叫割平面法，该方法于 1958 年由高莫瑞（R. E. Gomory）首先提出，故又称为 Gomory 割平面法，这种方法的基础仍然是用解线性规划的方法去求解整数规划问题。它先不考虑变量时整数这一条件，但是增加线性约束条件（即割平面）使原来的可行域切割掉一部分，这部分只包含非整数解，但不影响任何整数可行解。这个方法就是指怎样找到适当的割平面，使切割过后最终得到这样一个可行域，它的一个整数坐标的顶点恰好是问题的最优解。割平面法自从面世后即引起了广泛关注。但迄今为止完全应用它来求解整数规划的仍然是少数，原因就是这种方法经常会遇到收敛很慢的情况，故本书不再做详细的介绍，感兴趣的读者可以参考相关资料。

5.3　0-1 型整数规划

5.3.1　0-1 变量及其应用

0-1 型整数规划是整数规划中的特殊情形，它的决策变量 x_i 取值只能为 0 或 1，这时候 x_i 称为 0-1 变量。

0-1 变量作为逻辑变量，常常用来表示系统处于某个特定状态，或者决策时是否取某个特定方案。例如

$$x = \begin{cases} 1 & \text{当决策方案取 } P \text{ 时} \\ 0 & \text{当决策方案不取 } P \text{ 时} \end{cases}$$

当问题含有多个决策变量，而每个变量的取值均有两种选择时，可用一组 0-1 变量来描述，设问题有若干有限项变量 E_1，E_2，$\cdots$，E_n 设其中每项 E_j 有两种选择 A_j 和 $\bar{A}_j(j = 1, 2, \cdots, n)$，则可令

$$x_j = \begin{cases} 1 & \text{若 } E_j \text{ 选择 } A_j \\ 0 & \text{若 } E_j \text{ 选择 } \bar{A}_j \end{cases}$$

那么，问题的特定状态或方案就可以用 $(x_1, x_2\cdots, x_n)^T$ 来描述：

$$
(x_1, x_2\cdots, x_n)^T = \begin{cases} (1, 1, \cdots, 1, 1)^T, & \text{若选择}(A_1, A_2\cdots, A_{n-1}, A_n)^T \\ (1, 1, \cdots, 1, 0)^T, & \text{若选择}(A_1, A_2\cdots, A_{n-1}, \overline{A}_n)^T \\ \cdots\cdots \\ (1, 0, \cdots, 0, 0)^T, & \text{若选择}(A_1, \overline{A}, \overline{A}_{n-1}, \overline{A}_n)^T \\ (0, 0, \cdots, 0, 0)^T, & \text{若选择}(\overline{A}_1, \overline{A}, \overline{A}_{n-1}, \overline{A}_n)^T \end{cases}
$$

0 − 1 变量不仅仅广泛应用于科学技术问题，在经济管理问题中也有十分重要的应用，下面我们举例来说明。

5.3.1.1　相互排斥的计划

【例 5 – 3】投资项目的选定 —— 相互排斥的选择。

某公司有 600 万元的资金用于投资，有 5 个项目列入投资计划，各项目的投资额和期望收益如表 5 – 5 所示。

表 5 – 5　　　　　　　　　　　**各项目的投资额和期望收益**

项目编号	投资额	期望收益
1	210	150
2	300	210
3	100	60
4	130	80
5	260	180

由于技术原因限制，投资受到以下约束：

（1）项目 1、项目 2、项目 3 中必须且只能有意向能被选中；

（2）项目 3 和项目 4 中最多只能有一项被选中；

（3）项目 5 选中的前提是项目 1 被选中。

问如何选择最好的投资方案，使得投资的期望收益最大？

解　令 x_i 为模型的决策变量，模型为

$$\max Z = 150x_1 + 210x_2 + 60x_3 + 80x_4 + 180x_5$$

$$
\text{s.t.} \begin{cases} 210x_1 + 300x_2 + 100x_3 + 130x_4 + 260x_5 \leq 600 \\ x_1 + x_2 + x_3 = 1 \\ x_3 + x_4 \leq 1 \\ x_5 \leq x_1 \\ x_i \text{ 取 0 或 1}, i = 1, \cdots, 5 \end{cases}
$$

从上例中我们可以看出：

如决策 i 是必须以决策 j 的结果为前提，可用下面的模型描述

$$x_i \leq x_j$$

如选择的方案是互斥的，从多种方案中选择一个，则可用下面的模型描述

$$\sum x_j = 1$$

关于特殊约束可以进行如下的处理：

(1) 矛盾约束：需同时出现的矛盾约束。

例如 $f(x) - 5 \geq 0$ 和 $f(x) \leq 0$

可以引入一个 $0 - 1$ 变量进行处理

$$-f(x) + 5 \leq M(1 - y) \quad 和 f(x) \leq M y$$

y 取 0 或 1

(2) 绝对值约束。

$$| f(x) | \geq a \quad (a \geq 0)$$

约束可以改写为 $f(x) \geq a$ 和 $f(x) \leq - a$

可以引入一个 $0 - 1$ 变量进行处理

$$- f(x) + a \leq M(1 - y) \text{ 和 } f(x) + a \leq M y$$

(3) 多中选一约束。

在下列 n 个约束中，只能有一个约束有效

$$f_i(x) \leq 0, \ i = 1, \cdots, n$$

引入 n 个 $0 - 1$ 变量 $y_i \quad i = 1, \cdots, n$

约束可写为

$$f_i(x) \leq M(1 - y_i) \quad i = 1, \cdots, n$$

$$\sum_{i=1}^{n} y_i = 1$$

5.3.1.2　相互排斥的约束条件

【例 5 - 4】在例 5 - 1 中，假设此人还有一只旅行箱，最大载重量为 12 千克，其体积是 0.02 立方米。背包和旅行箱只能选择其一，建立下列几种情形的数学模型，使所装物品价值最大。

(1) 所装物品不变。

(2) 如果选择旅行箱，载重量和体积的约束为

$$1.8x_1 + 0.6 \leq 12$$

$$1.5x_1 + 2x_2 \leq 20$$

解　此问题可以建立两个整数规划模型，但用一个模型描述更简单。

引入 $0 - 1$ 变量(或称逻辑变量) y_i，令

$$y_i = \begin{cases} 1, & 采用第 i 种方式装载时 \\ 0, & 不采用第 i 种方式装载时 \end{cases} \quad i = 1, 2$$

$i = 1, 2$ 分别是采用背包及旅行箱装载。

(1) 由于所装物品不变，式(5 - 1)约束左边不变，整数规划数学模型为

$$\max Z = 4x_1 + 3x_2$$

$$\text{s. t.} \begin{cases} 1.2x_1 + 0.8x_2 \leqslant 10y_1 + 12y_2 \\ 2x_1 + 2.5x_2 \leqslant 25y_1 + 20y_2 \\ y_1 + y_2 = 1 \\ x_i \geqslant 0, \text{且取整数}, y_i = 0 \text{ 或 } 1 \quad i = 1, 2 \end{cases}$$

（2）由于不同载体所装物品不一样，数学模型为

$$\max Z = 4x_1 + 3x_2$$

$$\text{s. t.} \begin{cases} 1.2x_1 + 0.8x_2 \leqslant 10 + My_2 & (5-4a) \\ 1.8x_1 + 0.6x_2 \leqslant 12 + My_1 & (5-4b) \\ 2x_1 + 2.5x_2 \leqslant 25 + My_2 & (5-4c) \\ 1.5x_1 + 2x_2 \leqslant 20 + My_1 & (5-4d) \\ y_1 + y_2 = 1 \\ x_1, x_2 \geqslant 0, \text{且均取整数}, y = 0 \text{ 或 } 1 \end{cases}$$

式中 M 为充分大的正数。从上式可知，当使用背包时 $(y_1 = 1, y_2 = 0)$，式 $(5-4b)$ 和式 $(5-4d)$ 是多余的；当使用旅行箱时 $(y_1 = 0, y_2 = 1)$，式 $(5-4a)$ 和式 $(5-4c)$ 是多余的。上式也可以令：

$$y_1 = y, \quad y_2 = 1 - y$$

5.3.1.3 固定费用的问题

【例 5-5】企业计划生产 2000 件某种产品，该种产品可利用 A、B、C 设备中的任意一种加工。已知每种设备的生产准备结束费用、生产该产品时的单件成本以及每种设备限定的最大加工数量（件）如表 5-6 所示，试建立总成本最小的数学模型。

表 5-6

设备	生产准备结束费用（元）	生产成本（元／件）	限定最大加工数（件）
A	100	10	600
B	300	2	800
C	200	5	1200

解 设 x_j 表示在第 $j(j = 1, 2, 3)$ 种设备上加工的产品数量，其生产费用为：

$$C_j(x_j) = \begin{cases} K_j + c_j x_j & (x_j > 0) \\ 0 & (x_j = 0) \end{cases}$$

式中 K_j 是同产量无关的生产准备费用（即固定费用），c_j 是单位产品成本。设 $0-1$ 变量 y_j，令

$$y_j = \begin{cases} 1 & \text{当在第 } j \text{ 种设备上加工，即 } x_j > 0 \text{ 时} \\ 0 & \text{不在第 } j \text{ 种设备上加工，即 } x_j = 0 \text{ 时} \end{cases}$$

目标函数为

$$\min Z = (100y_1 + 10x_1) + (300y_2 + 2x_2) + (200y_3 + 5x_3)$$

$$\text{s. t.} \begin{cases} x_j \leq My_j \quad j = 1, 2, 3 \\ x_1 + x_2 + x_3 \geq 2000 \\ x_1 \leq 600, \ x_2 \leq 800, \ x_3 \leq 1200 \\ x_j \geq 0, \ y_j = 1 \text{ 或 } 0, j = 1, 2, 3 \end{cases}$$

式中 $x_j \leq My_j$ 是一个特殊的约束条件，显然当 $x_j > 0$ 时，$y_j = 1$；当 $x_j = 0$ 时，为使 Z 极小化，只有 $y_j = 0$ 才有意义。

5.3.2 0-1 型整数规划的求解方法

求解 0-1 型整数规划最容易想到的方法，和一般的整数规划情形一样，就是穷举法，即检查变量取值为 0 或 1 的每一种组合，比较目标函数值以求得最优解，这就需要检查变量取值的 2^n 个组合。对于变量个数较多(例如 $n > 10$)，这几乎是不可能的。因此常常设计一些方法，只检查变量取值的组合的一部分，就能求得问题的最优解。这样的方法称为隐枚举法。隐枚举法求解 0-1 整数规划的步骤为：

(1) 找出任意一可行解，目标函数值为 Z_0；

(2) 原问题求最大值时，则增加一个约束

$$c_1 x_1 + c_2 x_2 + \cdots + c_n x_n \geq Z_0 \quad (*)$$

当求最小值时，上式改为小于等于约束；

(3) 列出所有可能解，对每个可能解先检验式(*)，若满足再检验其他约束，若不满足式(*)，则认为不可行；若所有约束都满足，则认为此解是可行解，求出目标值；

(4) 目标函数值最大(最小)的解就是最优解。

下面举例说明。

【例 5-6】请求解下列 0-1 整数规划问题。

$$\max Z = 6x_1 + 2x_2 + 3x_3$$

$$\text{s. t.} \begin{cases} x_1 + 2x_2 + x_3 \leq 3 & (5-5a) \\ 3x_1 - 5x_2 + x_3 \geq 2 & (5-5b) \\ 2x_1 + x_2 + x_3 \leq 4 & (5-5c) \\ x_j = 0 \text{ 或 } 1 & j = 1, 2, 3 \end{cases}$$

解　容易求得 $X = (1, 0, 0)$ 是一可行解，$Z_0 = 6$。加一个约束(0)

$$6x_1 + 2x_2 + 3x_3 \geq 6$$

由于 3 个变量每个变量取 0 或 1，共有 8 种组合，用列表的方法检验每种组合解是否可行解，满足约束打上记号"√"，不满足约束打上记号"×"，计算如表 5-7 所示。

表 5 - 7　　　　　　　　　　　列表检验可行解

变量组合	约束(0)	约束(0)	约束(0)	约束(0)	Z
(0, 0, 0)	×				
(0, 0, 1)	×				
(0, 1, 0)	×				
(0, 1, 1)	×				
(1, 0, 0)	√	√	√	√	6
(1, 0, 1)	√	√	√	√	9
(1, 1, 0)	√	√	×		
(1, 1, 1)	√	×			

由表 5 - 7 知，$X = (1, 0, 1)$ 是最优解，最优值 $Z = 9$。

5.4　分配问题

5.4.1　分配问题的数学模型

在工作中经常遇到这样的问题，某单位需要完成 n 项任务，恰好有 n 个人可以承担这些任务，由于每个人的专长不同，完成不同任务的效率也不同。于是产生应分配哪个人去完成哪项任务，使得完成 n 项任务的总效率最高。这类问题就称为分配问题或分派问题(Assignment Problem)。

分配问题的标准形式是：有 n 个人和 n 件事，已知第 i 人做第 j 事件的的费用为 c_{ij} (i, $j = 1$, $2\cdots$, n)，要求确定人和事之间一一对应的分配方案，使完成这 n 件事情的总费用最小。

一般称矩阵 $C = (c_{ij})_{n \times n}$ 为指派问题的系数矩阵。在实际问题中，根据 c_{ij} 的具体含义，矩阵 C 可以代表不同的含义，如成本、时间、费用等。

在建立标准的分配问题时，引入 n^2 个 0 - 1 变量：

$$x_{ij} = \begin{cases} 1, & \text{分配第 } i \text{ 个人做 } j \text{ 事} \\ 0, & \text{不分配第 } i \text{ 个人做 } j \text{ 事} \end{cases} \quad i, j = (1, 2, \cdots, n)$$

这样，问题的数学模型可以写成

$$\min z = \sum_{i=1}^{n} \sum_{j=1}^{n} c_{ij} x_{ij}$$

$$\text{s. t.} \begin{cases} \sum_{i=1}^{n} x_{ij} = 1 & i = 1, 2, \cdots n \\ \sum_{j=1}^{n} x_{ij} = 1 & j = 1, 2, \cdots n \\ x_{ij} = 0 \text{ 或 } 1 & i, j = 1, 2, \cdots n \end{cases}$$

在模型中，第一个约束条件表示每件事情只能有一个人去做，第二个约束条件表示每个人必做且只能做一件事情。

对于问题中的每一个可行解，可用解矩阵 $X = (x_{ij})_{n \times n}$ 来表示。分配问题有 $n!$ 个可行解。

【例 5 - 7】某商业公司计划开办五家新商店。为了尽早建成营业，商业公司决定由五家建筑公司分别承建。已知建筑公司 $A_i(i = 1, 2, \cdots, 5)$ 对新商店 $B_j(j = 1, 2, \cdots, 5)$ 的建造报价为 $c_{ij}(i, j = 1, 2, \cdots, 5)$，见表 5 - 8。问商业公司应对五家建筑公司怎样分配建造任务，才能使总的建造费用最少？

表 5 - 8　　　　　　　　　建筑公司的建造报价表

c_{ij} \ B_j / A_i	B_1	B_2	B_3	B_4	B_5
A_1	4	8	7	15	12
A_2	7	9	17	14	10
A_3	6	9	12	8	7
A_4	6	7	14	9	10
A_5	6	9	12	10	6

这是一个标准的分配问题。设 0 - 1 变量

$$x_{ij} = \begin{cases} 1, & \text{当 } A_i \text{ 承建 } B_j \text{ 时} \\ 0, & \text{当 } A_i \text{ 不承建 } B_j \text{ 时} \end{cases} \quad i, j = (1, 2, \cdots, n)$$

则问题的数学模型为

$$\min z = 4 x_{11} + 8 x_{22} + \cdots + 10 x_{54} + 6 x_{55}$$

$$\text{s. t.} \begin{cases} \sum_{i=1}^{5} x_{ij} = 1 & i = 1, 2, \cdots 5 \\ \sum_{j=1}^{5} x_{ij} = 1 & j = 1, 2, \cdots 5 \\ x_{ij} = 0 \text{ 或 } 1 & i, j = 1, 2, \cdots 5 \end{cases}$$

5.4.2　匈牙利算法

匈牙利算法是 1955 年库恩利用匈牙利数学家克尼格(Konig)的关于矩阵中独立零元素的定理，提出求解分配问题的一种算法，习惯上称之为匈牙利法。

匈牙利法的一般步骤如下：

步骤 1：变换系数矩阵。先用各行元素分别减去本行中最小元素，再用各列元素分别减去本列中最小元素。这样系数矩阵中每行及每列中至少有一个零元素，同时不出现负元素。完成系数矩阵变换后转到步骤 2。

步骤 2：在变换系数矩阵中确定独立零元素。若独立零元素有 n 个，则已经得到最优解；若独立零元素的个数少于 n 个，则能覆盖所有零元素的最少直线数目的直线集合，然后转步骤 3；

对于系数矩阵非负的分配问题来说，若能在系数矩阵中找到 n 个位于不同行和不同列的零元素，则对应的分配问题总费用为 0，从而一定是最优的。在选择零元素时，当同一行（或列）上有多个零元素时，如选择其中之一，则其余的零元素就不再被选择。

为了确定独立零元素，可以在只有一个零元素的行（或列）中加圈（标记为 ◎），表示此人只能做该事情（或该事情只能分配给此人）。每圈一个"0"，同时把位于同列（或同行）的其他零元素划去（标记为 ∅），表示此事已经不能由其他人来做（或者此人不能再分配其他事情）。如此反复进行，直到系数矩阵中的所有零元素都被圈去或者划去为止。在此过程中，如遇到所在行和列中，零元素都不止一个时，可任选其中之一加圈，同时划去同行和同列中其他的零元素。

如独立零元素有 n 个，则表示可以确定最优的分配方案。此事解令矩阵中独立零元素对应位置上的元素为 1，其他元素为 0，即得最优解。但如独立零元素小于 n 个，则表示还不能确定最优分配方案。这时候需要确定能覆盖所有零元素的最小直线数目的直线集合，可以按如下方法进行：

（1）对没有 ◎ 的行打"√"；

（2）在已经打"√"的行中，对 ∅ 所在列打"√"；

（3）在已经打"√"的列中，对 ◎ 所在行打"√"；

（4）重复（2）和（3），直到再也找不出可以打"√"的行或列为止；

（5）对没有打"√"的行画一条横线，对打"√"的列划一条竖线，这就得到了能覆盖所有零元素的最小直线数目的直线集合。

步骤 3：继续变换系数矩阵。方法是在未被直线覆盖的元素中找一个最小元素。对未被直线覆盖的元素所在行（或列）中各元素都减去这一最小元素。这样，在未被直线覆盖的元素中势必出现零元素，但同时又使已被直线覆盖的元素中出现负元素。为了消除负元素，只需要对它们所在列（或行）中各元素加上这一最小元素即可。然后返回步骤 2。

下面根据匈牙利算法求解前面的例 5 – 7。

已知分配问题的系数矩阵为

$$C = \begin{bmatrix} 4 & 8 & 7 & 15 & 12 \\ 7 & 9 & 17 & 14 & 10 \\ 6 & 9 & 12 & 8 & 7 \\ 6 & 7 & 14 & 6 & 10 \\ 6 & 9 & 12 & 10 & 6 \end{bmatrix}$$

先对各行元素分别减去本行的最小元素，然后对各列元素分别减去本列的最小元素，得

$$C = \begin{bmatrix} 0 & 4 & 3 & 11 & 8 \\ 0 & 2 & 10 & 7 & 3 \\ 0 & 3 & 6 & 2 & 1 \\ 0 & 1 & 8 & 0 & 4 \\ 0 & 3 & 6 & 4 & 0 \end{bmatrix} \longrightarrow \begin{bmatrix} 0 & 3 & 0 & 11 & 8 \\ 0 & 1 & 7 & 7 & 3 \\ 0 & 2 & 3 & 2 & 1 \\ 0 & 0 & 5 & 0 & 4 \\ 0 & 2 & 3 & 4 & 0 \end{bmatrix} = C'$$

此时，C' 中各行和各列中均出现零元素。

为确定 C' 中独立的零元素，对 C' 加圈得：

$$C' = \begin{bmatrix} \emptyset & 3 & \circledcirc & 11 & 8 \\ \circledcirc & 1 & 7 & 7 & 3 \\ \emptyset & 2 & 3 & 2 & 1 \\ \emptyset & \circledcirc & 5 & \emptyset & 4 \\ \emptyset & 2 & 3 & 4 & \circledcirc \end{bmatrix}$$

由于只有 4 个独立元素，少于系数矩阵阶数 $n = 5$，故需要确定能覆盖所有零元素的最少直线数目的直线集合。采取步骤 2 中的方法，结果如下：

$$C' = \begin{bmatrix} \emptyset & 3 & \circledcirc & 11 & 8 \\ \circledcirc & 1 & 7 & 7 & 3 \\ \emptyset & 2 & 3 & 2 & 1 \\ \emptyset & \circledcirc & 5 & \emptyset & 4 \\ \emptyset & 2 & 3 & 4 & \circledcirc \end{bmatrix}$$

为了使 C' 中未被直线覆盖的元素中出现零元素，将第二行和第三行中各元素都减去未被直线覆盖的元素中的最小元素 1，但是这样一来，第一列就出现了负元素。为了消除负元素，再对第一列的元素都加上 1，得：

$$C' \longrightarrow \begin{bmatrix} 0 & 3 & 0 & 11 & 8 \\ -1 & 0 & 6 & 6 & 2 \\ -1 & 1 & 2 & 1 & 0 \\ 0 & 0 & 5 & 0 & 4 \\ 0 & 2 & 3 & 4 & 0 \end{bmatrix} \longrightarrow \begin{bmatrix} 1 & 3 & 0 & 11 & 8 \\ 0 & 0 & 6 & 6 & 2 \\ 0 & 1 & 2 & 1 & 0 \\ 1 & 0 & 5 & 0 & 4 \\ 1 & 2 & 3 & 4 & 0 \end{bmatrix} = C''$$

回到步骤 2，对 C'' 加圈

$$C'' = \begin{bmatrix} 1 & 3 & \circledcirc & 11 & 8 \\ \emptyset & \circledcirc & 6 & 6 & 2 \\ \circledcirc & 1 & 2 & 1 & \emptyset \\ 1 & \emptyset & 5 & \circledcirc & 4 \\ 1 & 2 & 3 & 4 & \circledcirc \end{bmatrix}$$

C'' 中已经有五个独立的零元素，故可以确定分配问题的最优分配方案。本题的最优解为：

$$C^* = \begin{bmatrix} 0 & 0 & 1 & 0 & 0 \\ 0 & 1 & 0 & 0 & 0 \\ 1 & 0 & 0 & 0 & 0 \\ 0 & 0 & 0 & 1 & 0 \\ 0 & 0 & 0 & 0 & 1 \end{bmatrix}$$

即最优的分配方案为：A_1 承建 B_3，A_2 承建 B_2，A_3 承建 B_1，A_4 承建 B_4，A_5 承建 B_5。这样安排能使总建造费用最少，为 $7 + 9 + 6 + 6 + 6 = 34$ 万元。

在实际应用中，常常遇到各种非标准的分配问题。通常将它们转换为标准形式，然后再用匈牙利算法求解。非标准的分配问题及转换方法有以下几种：

5.4.2.1　最大化分配问题

设最大化分配问题系数矩阵 $C = (c_{ij})_{n \times n}$，其中最大元素为 m，令矩阵 $B = (b_{ij})_{n \times n} = (m - c_{ij})_{n \times n}$，则以 B 为系数矩阵的最小化分配问题和以 C 为系数矩阵的原最大化分配问题有相同的最优解。

5.4.2.2　人数和事情数不等的分配问题

如果人数大于事情数，则添加虚拟事情，这些虚拟事情被个人做的费用系可以设为 0。如果人数小于事情数，则添加虚拟人，这些虚拟人做各事的费用系数也可以设为 0。

5.4.2.3　一个人可以做几件事情的指派问题

若某人可以做多件事情，则可以将该人转化为多人来接受分配。这几个人做同一件事情的费用系数均取相同值。

5.4.2.4　某事一定不能由某人做的指派问题

若某事一定不能由某人来做，可以将相应的费用系数取足够大的数 M。

习　题

5.1　对下列整数规划问题，问用先解相应的线性规划然后凑整的方法能否求得最优整数解？

（1）$\max Z = 3x_1 + 2x_2$

$$\text{s.t.} \begin{cases} 2x_1 + 3x_2 \leqslant 14.5 \\ 4x_1 + x_2 \leqslant 16.5 \\ x_1, \ x_2 \geqslant 0 \\ x_1, \ x_2 \text{取整数} \end{cases}$$

（2）$\max Z = 3x_1 + 2x_2$

$$\text{s.t.} \begin{cases} 2x_1 + 3x_2 \leqslant 14 \\ 2x_1 + x_2 \leqslant 9 \\ x_1, \ x_2 \geqslant 0 \\ x_1, \ x_2 \text{取整数} \end{cases}$$

5.2　考虑下列线性规划问题：

$$\max(3x + 7y)$$

$$\text{s. t.} \begin{cases} 2x + y \leqslant 25 \\ x + 2y \leqslant 6 \\ y \geqslant 0 \\ x \text{ 取值只能等于 } 0、1、4 \text{ 或 } 6 \end{cases}$$

请用一个等价的整数规划模型来表达上述线性规划问题。

5.3　用分枝定界法求解下面的整数规划。

$$\max z = x_1 + x_2$$

$$\text{s. t.} \begin{cases} x_1 + \dfrac{9}{14}x_2 \leqslant \dfrac{51}{14} \\ -2x_1 + x_2 \leqslant \dfrac{1}{3} \\ x_1, x_2 \geqslant 0 \\ x_1, x_2 \text{取整数} \end{cases}$$

5.4　用你认为合适的方法求解下面的整数规划。

（1）$\max Z = x_1 + x_2$

$$\text{s. t.} \begin{cases} 2x_1 + 3x_2 \leqslant 6 \\ 4x_1 + 5x_2 \leqslant 20 \\ x_1, x_2 \geqslant 0 \\ x_1, x_2 \text{取整数} \end{cases}$$

（2）$\max Z = 3x_1 - x_2$

$$\text{s. t.} \begin{cases} 3x_1 - 2x_2 \leqslant 3 \\ -5x_1 - 4x_2 \leqslant -10 \\ 2x_1 + x_2 \leqslant 5 \\ x_1, x_2 \geqslant 0 \\ x_1, x_2 \text{取整数} \end{cases}$$

5.5　有 4 个工人，要指派他们分别完成 4 项工作，每人做各项工作所耗费的时间如表 5 - 9 所示：

表 5 - 9　　　　　　　　　　完成各项工作时间表

工人＼工作	A	B	C	D
甲	15	18	21	24
乙	19	23	22	18
丙	26	17	16	19
丁	19	21	23	17

请问指派哪个人去完成哪项工作，可使得总的耗费时间最少？

5.6　有三个不同的产品要在三台机床上加工，每个产品必须先在机床 1 上加工，然后依次在机床 2、机床 3 上加工，在每台机床上加工三个产品的顺序应保持一样，假

定用 t_{ij} 来表示 i 产品在 j 机床上加工的时间，问应该如何安排，使三个产品的总的加工周期为最短，请建立这个问题的数学模型。

5.7 求解下列 $0-1$ 整数规划。

（1） $\min Z = 4x_1 + 3x_2 + 2x_3$

$$\text{s.t.} \begin{cases} 2x_1 - 5x_2 + 3x_3 \leq 4 \\ 4x_1 + x_2 + 3x_3 \geq 3 \\ x_2 + x_3 \geq 1 \\ x_1, x_2, x_3 \text{ 取 0 或 1} \end{cases}$$

（2） $\min Z = 2x_1 + 5x_2 + 3x_3 + 4x_4$

$$\text{s.t.} \begin{cases} -4x_1 + x_2 + x_3 + x_4 \geq 0 \\ -2x_1 + 4x_2 + 2x_3 + 4x_4 \geq 3 \\ x_1 + x_2 - x_3 + x_4 \geq 1 \\ x_1, x_2, x_3 \text{ 取 0 或 1} \end{cases}$$

5.8 某大学运筹学专业硕士生课程计划要求必须选修两门数学类课程、两门运筹学类课程和两门计算机类课程。课程中有些只归属某一类，如微积分归属数学类，计算机程序归属计算机类，但有些课程是跨类的，如运筹学可以归为运筹学类和数学类，数据结构归属计算机类和数学类，预测归属运筹学类和数学类。凡归属两类的课程选学后可认为两类中各学一门课。此外有些课程要求先学习先修课，如学计算机模拟或数据结构必须先修计算机课程，学管理统计须先修微积分，学预测必须先修管理统计。问一个硕士生最少应学几门，哪几门，才能满足上述要求？

5.9 某大学计算机实验室聘请了 4 名大学生(代号分别为 A、B、C、D) 和两名研究生(代号分别为 E、F) 值班答疑。已知每人从周一到周日每天最多可以安排的值班时间及每人每小时值班的报酬如表 5-10 所示：

表 5-10 　　　　　　　　　　　计算机实验室值班表

学生代号	报酬（元／小时）	每天最多可安排的值班时间(小时)				
		周一	周二	周三	周四	周五
A	10	6	0	6	0	7
B	10	0	6	0	6	0
C	9.9	4	8	3	0	5
D	9.8	5	5	6	0	4
E	10.8	3	0	4	8	0
F	11.3	0	6	0	6	3

该实验室开放时间为上午 8：00 至晚上 10：00，开放时间内须有且仅有一名学生值班。规定大学生每周值班不少于 10 小时，研究生每周值班不少于 8 小时，每名学生每周值班不超过 4 次，每次值班不少于 2 小时，每天安排值班的学生不超过 3 人，且其中必须有一名研究生。试为该实验室安排一张人员值班表，使总支付的报酬最少。

5.10 长寿密封容器厂生产 6 种规格的金属密封容器，每种容器的容量、需求量和可变成本费用如表 5-11 所示。

表 5 - 11   各容器情况明细表

容器代号	A	B	C	D	E	F
容量(立方米)	150	250	400	600	900	1200
需求量(件)	500	550	700	900	400	300
可变费用(万元/件)	5	8	10	12	16	18

每种容器需要用不同的专用设备进行生产,其固定费用均为 12 万元。当某种容器数量上不能满足需求时,可用容量大的代替。请问在满足需求的情况下,如何组织生产可使总的费用最小?

6　目标规划

6.1　基本概念及模型的建立

6.1.1　目标规划的概念

目标规划是由线性规划发展演变而来的。线性规划模型的特征是在满足一组约束条件下，寻求一个目标的最优解（最大值或最小值）。

20世纪60年代初，美国学者A. 查恩斯和W. 库伯在他们合著的《管理模型和线性规划的工业应用》一书中提出了目标规划的有关概念。目标规划是以线性规划为基础，为适应经济管理决策中多目标的极值问题而逐步发展起来的运筹学分支。目前目标规划已经在经济规划、生产管理、财务分析等方面得到应用，它是对线性规划的重大发展，是对线性规划的有益补充。与线性规划相比，目标规划具有以下几个优点：

（1）目标规划能够统筹兼顾地处理相互冲突的多目标关系，求得更切合实际要求的解；

（2）典型目标规划用单纯形法求解一定有解，而不会像线性规划那样有无解的情况出现；

（3）线性规划将约束条件看成同样重要、不分主次的条件，而目标规划将依据实际情况去确定模型，并主次有别地进行求解。

6.1.2　目标规划的数学模型

在介绍目标规划的数学模型之前，先介绍与建立目标规划数学模型有关的概念：

6.1.2.1　决策变量和偏差变量

这里的决策变量同线性规划模型中的决策变量，用 x 表示。

对每一个决策目标，引入正负偏差变量，用来表明决策值同目标值之间的差异。偏差变量用下列符号表示：

d^+ —— 超出目标的差值，称正偏差变量

d^- —— 未达到目标的差值，称负偏差变量

偏差变量都是非负变量，d^+ 和 d^- 两者中必定有一个为零，当实际值超出目标值时，有 $d^- = 0$，$d^+ > 0$；当实际值未达到目标值时，有 $d^+ = 0$，$d^- > 0$；当实际值同目标值恰好一致时，$d^+ = d^- = 0$，所以恒有 $d^+ \to d^- = 0$

6.1.2.2 系统约束与目标约束

（1）资源使用上的严格限制条件称为系统约束，数学形式为严格等式或不等式。

（2）与期望目标允许一定偏差的约束称为目标约束，数学形式为带有正负偏差的等式。

6.1.2.3 优先因子与权系数

在目标规划中啊，多个目标之间往往有主次关系。凡是要求第一位达到的目标被赋予优先因子 p_1，依次第二位、第三位被赋予 p_2、p_3，…，并规定 $p_1 \gg p_2 \gg p_3 \gg \cdots \gg p_k \gg 0$，符号 "$\gg$" 表示 "远大于"，即只有完成了 p_1 级优化后，才能考虑 p_2、p_3，…；反之，p_2 在优化的时候，不能破坏 p_1 级优化值，p_3 在优化的时候，不能破坏 p_1、p_2 级已达到的优化值，以此类推。

由于系统约束是必须满足的硬约束，所以与系统约束相对应的目标函数总是放在 p_1 级前面。

若需要区分同一优先级的两个目标的重要性差别，这时可以分别赋予他们不同的权系数 ω，重要性大的偏差变量前赋予大的系数 $\omega > 1$。

6.1.2.4 目标规划的目标函数

目标规划的目标函数是通过各个目标约束的正、负偏差变量和赋予相应的优先等级来构造的。决策者的要求是尽可能从某个方向缩小偏离目标的数值。于是，目标规划的目标函数应该是求极小，其基本形式有以下三种：

（1）要求恰好达到目标值，即使相应目标约束的正、负偏差变量都要尽可能的小。这时取 $\min(d^+, d^-)$。

（2）要求不超过目标值，即使相应目标约束的正偏差变量要尽可能的小。这时取 $\min(d^+)$。

（3）要求不低于目标值，即使相应目标约束的负偏差变量要尽可能的小。这是取 $\min(d^-)$。

目标规划的一般数学模型可表示为：

$$\min z = \sum_{k=1}^{K} P_k \sum_{l=1}^{L} (w_{kl}^- d_l^+ + w_{kl}^+ d_l^+) \qquad (6-1)$$

$$\text{s.t.} \begin{cases} \sum_{j=1}^{n} a_{ij} x_j \leqslant (=, \geqslant) b_i (i=1, \cdots, m) & (6-2) \\[2mm] \sum_{j=1}^{n} c_{lj} x_j + d_l^- - d_l^+ = g_t (l=1, \cdots, L) & (6-3) \\[2mm] x_j \geqslant 0 (j=1, \cdots, n) & (6-4) \\[2mm] d_l^-, d_l^+ \geqslant 0 (l=1, \cdots, L) & (6-5) \end{cases}$$

式中：

p_k 为第 k 级优先因子，$k=1, \cdots, K$；

w_{kl}^-、w_{kl}^+ 为分别赋予第 l 个目标约束的正、负偏差变量的权系数；

g_l 为第 l 个目标的预期目标值，$l = 1$，…，L；

式（6 - 2）为系统约束，式（6 - 3）为目标约束。

【例 6 - 1】某工厂用一条生产线生产甲和乙两种产品，生产甲产品一台需要消耗原材料 2 千克，占用生产线设备 1 小时，产品利润为 8 千元／台；生产乙产品一台需要消耗原材料 1 千克，占用生产线设备 2 小时，产品利润为 1 万元／台。工厂现有原材料 11 千克，工厂生产线设备每天最佳运作 10 小时。

在制订生产计划时，有以下几点需要考虑：

（1）由市场信息反馈，产品甲销售量有下降趋势，所以决定产品甲的生产量不超过产品乙的生产量；

（2）原材料的使用不超过工厂的库存量；

（3）尽可能充分利用设备，但不希望加班；

（4）尽可能达到或超过计划利润 5.6 万元。

设 x_1 和 x_2 分别为产品甲和产品乙的产量，则数学表达式为：

$$\begin{cases} x_1 - x_2 \leq 0 \\ 2x_1 + x_2 \leq 11 \\ x_1 + 2x_2 \leq 10 \\ 8x_1 + 10x_2 \geq 56 \end{cases}$$

这是一个多目标决策问题，目标规划是解决这类问题的方法之一，现在来建立目标规划数学模型：

（1）工厂决策者要考虑产品甲的产量不能超过产品乙的产量，因此第一优先级的目标函数为 $\min p_1 d_1^+$，目标约束为 $x_1 - x_2 + d_1^- - d_1^+ = 0$。

（2）对于第二个考虑不超过计划使用原材料属于绝对约束，其为 $2x_1 + x_2 \leq 11$。

（3）对于尽可能充分使用设备，但不希望加班，其目标函数为 $\min p_2(d_2^+ + d_2^-)$，目标约束为 $x_1 + 2x_2 + d_2^- - d_2^+ = 10$。

（4）工厂希望达到并超过计划利润 6.2 万元，其目标函数为 $\min p_3 d_3^-$，目标约束为 $8x_1 + 10x_2 + d_3^- - d_3^+ = 56$。

则例 6 - 1 的目标规划数学模型为：

$$\min z = p_1 d_1^+ + p_2(d_2^+ + d_2^-) + p_3 d_3^-$$

$$\begin{cases} 2x_1 + x_2 \leq 11 \\ x_1 - x_2 + d_1^- - d_1^+ = 0 \\ x_1 + 2x_2 + d_2^- - d_2^+ = 10 \\ 8x_1 + 10x_2 + d_3^- - d_3^+ = 56 \\ x_1, \ x_2 \geq 0 \\ d_i^+, \ d_i^- \geq 0 (i = 1, \ 2, \ 3) \end{cases}$$

6.2 图解法

对模型中只含有两个决策变量(偏差变量不计入)的目标规划问题,可以用图解分析的方法找到满意的解。通过图解法表示两个决策变量的线性规划问题的求解过程,有助于理解单纯形法的基本概念。同样,图解法也有助于理解目标规划问题的求解过程。

图解法求解线性目标规划问题的步骤如下:

(1)分别取决策变量 x_1 和 x_2 为坐标向量建立直角坐标系。

(2)对每个绝对约束(包括非负约束)条件的处理,同线性规划的约束处理一样:先取其等式在坐标系中作出直线,通过判断确定不等式所决定的半平面,得到各绝对约束半平面交出来的区域。

对每个目标约束条件,先取其不考虑正、负偏差变量的等式在坐标系中作出直线,判断其变大变小的方向,标出正、负偏差变量的变化方向。综合绝对约束得到的区域,产生所有约束(绝对约束和目标约束)交出来的区域。

(3)依据优先的顺序及权重的比列关系,对目标函数中各偏差变量取值进行优化,最终得到最优解(或最优解合集)。

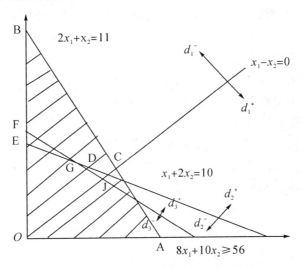

图 6 − 1　图解法求解线性目标规划问题

以例 6 − 1 来说明:由绝对约束 $2x_1 + x_2 \leqslant 11$ 和非负约束 x_1, $x_2 \geqslant 0$ 可以得到如图 6 − 1 所示的可行域 $\triangle OAB$。然后再根据目标函数中的优先因子来分析求解。先考虑优先因子 p_1 的目标的实现,在目标函数中要实现 $\min p_1 d_1^+$。由图 6 − 1 可见,只能在 $\triangle OBC$ 的边界和其中取值。然后考虑 p_2 优先因子的目标的实现,在目标函数中要实现 $\min p_2(d_2^+ + d_2^-)$,即当 d^+,$d^- = 0$ 时,这时 x_1、x_2 可在线段 ED 上取值。最后考虑 p_3 优先因子的目标的实现,在目标函数中要求实现 $\min p_3 d_3^-$,由图可知可以使 $d_3^- = 0$,这就

使 x_1、x_2 的取值范围缩小到线段 GD 上，这就是该目标规划问题的解。其中，G 的坐标是$(2，4)$，D 的坐标是$\left(\dfrac{10}{3}，\dfrac{10}{3}\right)$。

6.3　单纯形法

如果不区分决策变量与偏差变量，一律都视为变量看待，则目标规划的数学模型与线性规划数学模型在形式上基本相同，所以以用单纯形法求解时的方法步骤也基本相同。但是由于目标规划的数学模型有一些特点，因此作出以下规定：

（1）由于目标规划问题的目标函数都是求最小化，所以以 $c_j - z_j \geq 0 (j = 1，2，\cdots，n)$ 为最优准则。

（2）由于非基变量的检验数中含有不同等级的优先因子，即

$$c_j - z_j = \sum a_{kj}p_k \qquad j = 1，2，\cdots，n；k = 1，2，\cdots，K$$

由于$p_1 \gg p_2 \gg p_3 \gg \cdots \gg p_k$，从每个检验数的整体来看，检验数的正负首先决定$p_1$的系数 a_{1j} 的正负。若$a_{1j} = 0$，这时此检验数的正负就决定于p_2的系数 a_{2j} 的正负。下面可以此类推。

解目标规划问题的单纯形法的步骤如下：

（1）建立初始单纯形表，在表中将检验数行按优先因子的个数分别列成 K 行，置 $k = 1$；

（2）检查该行中是否存在负数，且对应的前 $k - 1$ 行的系数是零。若有负数，取其中最小者对应的变量为换入变量，转（3），若无负数，则转（5）。

（3）按最小比值规则确定换出变量，当存在两个和两个以上相同的最小比值时，选取具有较高优先级别的变量为换出变量；

（4）按单纯形法进行基变量运算，建立新的计算表，返回（2）；

（5）当$k = K$时，计算结束。表中的解即为满意解。否则置$k = k + 1$，返回到（2）。

【例 6 - 2】用单纯形法求解下列目标规划问题。

$$\max z = p_1(d_1^- + d_1^+) + p_2 d_2^+ + p_3 d_3^-$$

$$\text{s. t.} \begin{cases} 4x_1 + 2x_2 + d_1^- - d_1^+ = 60 \\ x_2 + d_2^- - d_2^+ = 4 \\ 8x_1 + 6x_2 + d_3^- - d_3^+ = 130 \\ 2x_1 + 4x_2 + x_3 = 48 \\ x_1，x_2，x_3 \geq 0，d_i^\pm \geq 0 (i = 1，2，3) \end{cases}$$

第一步：列出初始单纯形表。

取 x_3、d_1^-、d_2^-、d_3^- 为初始基变量，列出初始单纯形表，如表 6 - 1 所示：

表 6 – 1

C_B	x_B	b	x_1	x_2	x_3	p_1 d_1^-	p_1 d_1^+	d_2^-	p_2 d_2^+	p_3 d_3^-	d_3^+
p_1	d_1^-	60	[4]	2	0	1	– 1	0	0	0	0
0	d_2^-	4	0	1	0	0	0	1	– 1	0	0
p_3	d_3^-	130	8	6	0	0	0	0	0	1	– 1
0	x_3	48	2	4	1	0	0	0	0	0	0
		p_1	– 4	– 2	0	0	2	0	0	0	0
λ_j		p_2	0	0	0	0	0	0	1	0	0
		p_3	– 8	– 6	0	0	0	0	0	0	1

第二步：确定换入变量。

计算检验数 λ_j，根据优先因子的个数将该问题分为三个层次进行计算，首先要使第一优先级目标 p_1 行的检验数满足最优性条件。在进行第一层次计算时令 $p_1 = 1$，$p_2 = p_3 = 0$。计算结果见表 6 – 1 所示，p_1 行的检验数 $\lambda_1 = -4$，$\lambda_2 = -2$ 不满足最优性条件：$\lambda_j \geqslant 0$，所以转入步骤（3），取 $\max(|-4|, |-2|) = 4$ 所对应的变量想 x_1 为换入变量。

第三步：确定换出变量。

$$\theta = \min\left\{\frac{60}{4}, \frac{4}{0}, \frac{130}{8}, \frac{48}{2}\right\} = 15 \text{ 所对应的变量 } d_1^- \text{ 为换出变量}$$

第四步：用换入变量替换基变量中的换出变量，进行迭代运算，得到表 6 – 2。

表 6 – 2

C_B	x_B	b	x_1	x_2	x_3	p_1 d_1^-	p_1 d_1^+	d_2^-	p_2 d_2^+	p_3 d_3^-	d_3^+
0	x_1	60	1	1/2	0	1/4	– 1/4	0	0	0	0
0	d_2^-	4	0	[1]	0	0	0	1	– 1	0	0
p_3	d_3^-	130	0	2	0	– 2	2	0	0	1	– 1
0	x_3	48	0	3	1	– 1/2	1/2	0	0	0	0
		p_1	0	0	0	1	1	0	0	0	0
λ_j		p_2	0	0	0	0	0	0	1	0	0
		p_3	0	– 2	0	2	– 2	0	0	0	1

（1）计算检验数 λ_j，现 p_1 行的检验数均已满足最优性条件 $\lambda_j \geqslant 0$，然后考虑第二优先级 p_2 行的最优性条件。在进行第二层次计算时令 $p_2 = 0$，$p_1 = p_3 = 0$。可见 p_2 行检验数亦满足 $\lambda_j \geqslant 0$，最后考虑第三优先级 p_3 行的最优性条件，在进行第三层次计算时令 $p_3 = 0$，$p_1 = p_2 = 0$。结果 x_2、d_1^+ 的检验数均为 – 2，见表 6 – 2，转入步骤（3）。

（2）若以 d_1^+ 为换入变量，与第一级目标 $d_1^+ = 0$ 矛盾，故选 x_2 为换入变量，$\theta = \min\left\{\dfrac{15}{1/2}, \dfrac{4}{1}, \dfrac{10}{2}, \dfrac{18}{3}\right\} = 4$ 所对应的变量 d_2^- 为换出变量，转步骤（4）；以 1 为主元素进行迭代，得到表 6 - 3，返回步骤（2）。

表 6 - 3

C_B	x_B	b	x_1	x_2	x_3	p_1 d_1^-	p_1 d_1^+	d_2^-	p_2 d_2^+	p_3 d_3^-	d_3^+
0	x_1	13	1	0	0	1/4	- 1/4	- 1/2	1/2	0	0
0	x_2	4	0	1	0	0	0	1	- 1	0	0
p_3	d_3^-	2	0	0	0	- 2	2	- 2	2	1	- 1
0	x_3	6	0	0	1	- 1/2	1/2	- 3	3	0	0
		p_1	0	0	0	1	1	0	0	0	0
λ_j		p_2	0	0	0	0	0	0	1	0	0
		p_3	0	0	0	2	- 2	2	- 2	0	1

计算检验数，这时第三层次 p_3 行对应 d_1^+、d_2^+ 的检验数仍然不满足最优化条件 $\lambda_j \geqslant 0$，但如果继续迭代将与第一级目标 $d_1^+ = 0$ 或第二级目标 $d_2^+ = 0$ 相矛盾，放弃第三级目标。

迭代结束，分析结果，得到满意解：

$$x_1^* = 13, \ x_2^* = 4, \ x_3^* = 6, \ d_1^+ = d_1^- = 0, \ d_2^+ = d_2^- = 0, \ d_3^+ = d_3^- = -2$$

这表明第一目标与第二目标均已实现，第三目标实际完成量与预定目标相差 2 个单位，利润指标完成 $8 \times 13 + 6 \times 4 = 12.8$（万元）。

6.4　目标优先次序的确定

根据目标规划求解思路是从高层到低层逐层优化的原则，求解目标规划的层次算法步骤如下：

第一步：先对目标函数中的 p_1 层次进行优化，参照式（6 - 1）建立第一层次的线性规划模型 LP_1，LP_1 的目标函数为：$\min z_1 = \sum\limits_{l=1}^{L}(\omega_{1l}^- d_1^- + \omega_{1l}^+ d_1^+)$，约束条件含（6 - 2）至（6 - 5）全部各式。

第二步：接着对 p_2 层次进行优化，根据下一层次优化时应在前面各层次优化基础上进行的要求，若第一层次目标函数最优值为 z_1^*，则构建的 p_2 层次的线性规划模型 LP_2，其目标函数为：$\min z_2 = \sum\limits_{l=1}^{L}(\omega_{2l}^- d_2^- + \omega_{2l}^+ d_2^+)$，约束条件除包含（6 - 2）至（6 - 5）全部各式外，再加上 $\omega_{1l}^- d_1^- + \omega_{1l}^+ d_1^+ \leqslant z_1^*$。

第三步：依次类推得到第 $p_s(s \geqslant 2)$ 层次进行优化时建立的线性规划模型 LP_s 为：

$$\min z_s = \sum_{l=1}^{L} (\omega_{sl}^- d_s^- + \omega_{sl}^+ d_s^+)$$

$$\text{s. t.} \begin{cases} \sum\limits_{j=1}^{n} a_{ij}x_j \leqslant (=) b_i (i = 1, \cdots, m) \\ \sum\limits_{j=1}^{n} c_{lj}x_j + d_l^- - d_l^+ = g_l (l = 1, \cdots, L) \\ \omega_{rl}^- d_r^- + \omega_{rl}^+ d_r^+ \leqslant z_r^* (r = 1, \cdots, s - 1) \\ x_j \geqslant 0 (j = 1, \cdots, n), d_l^-, d_l^+ \geqslant 0 (l = 1, \cdots, L) \end{cases}$$

当进行到 $s = KS$ 时，对 p_k 层次建立的线性规划模型 LP_k 的最优解即为目标规划问题的满意解。

6.5 应用举列

已知有三个产地给四个销地供应某种产品，产、销地之间的供需量和单位运价见下表 6－4。有关部门在研究调运方案时依次考虑以下七项目标，并规定其相应的优先等级：

p_1——B_4 是重点保证单位，必须全部满足其需要；

p_2——A_3 向 B_1 提供的产量不少于 100；

p_3—— 每个销地的供应量不小于其需要量的 80%；

p_4—— 所定调运方案的总费用不超过最小运费调运方案的 10%；

p_5—— 因路段的问题，尽量避免安排将 A_2 的产品运往 B_4；

p_6—— 给 B_1、B_2 的供应率要相同；

p_7—— 力求总运费最省。

试求满意的调运方案。

解 用表上作业法求得最小运费的调运方案见表 6－5，这时得最小运费为 2950 元，再根据提出的各项目标的要求建立目标规划的模型。

表 6－4

销地 产地	B_1	B_2	B_3	B_4	产量（吨）
A_1	5	2	6	7	300
A_2	3	5	4	6	200
A_3	4	5	2	3	400
销量（吨）	200	100	450	250	900 1000

表 6 – 5

产地 ＼ 销地	B_1	B_2	B_3	B_4	产量（吨）
A_1	200				300
A_2	0	100	200		200
A_3			250	150	400
虚设点				100	100
销量（吨）	200	100	450	250	1000 ／ 1000

$$
供应约束 \begin{cases} x_{11} + x_{12} + x_{13} + x_{14} \leqslant 300 \\ x_{21} + x_{22} + x_{23} + x_{24} \leqslant 200 \\ x_{31} + x_{32} + x_{33} + x_{34} \leqslant 400 \end{cases}
$$

$$
需求约束 \begin{cases} x_{11} + x_{21} + d_1^- - d_1^+ = 200 \\ x_{12} + x_{22} + x_{32} + d_2^- - d_2^+ = 100 \\ x_{13} + x_{23} + x_{33} + d_3^- - d_3^+ = 450 \\ x_{14} + x_{24} + x_{34} + d_4^- - d_4^+ = 250 \end{cases}
$$

A_3 向 B_1 提供的产品量不少于 100：$x_{31} + d_5^- - d_5^+ = 100$

每个销地的供应量不小于其需要量的 80%：

$$x_{11} + x_{21} + d_6^- - d_6^+ = 200 \times 80\%$$

$$x_{12} + x_{22} + x_{32} + d_7^- - d_7^+ = 100 \times 80\%$$

$$x_{13} + x_{23} + x_{33} + d_8^- - d_8^+ = 450 \times 80\%$$

$$x_{14} + x_{24} + x_{34} + d_9^- - d_9^+ = 250 \times 80\%$$

调运方案的总费用不超过最小运费调运方案的 10%：

$$\sum_{i=1}^{3} \sum_{j=1}^{4} c_{ij} x_{ij} + d_{10}^- - d_{10}^+ = 2950 \times (1 + 10\%)$$

因路段问题，尽量避免安排将 A_2 的产品运往 B_4：

$$x_{24} + d_{11}^- - d_{11}^+ = 0$$

给 B_1 和 B_2 的供应率要相同：

$$x_{11} + x_{21} + x_{31} - \frac{200}{450}(x_{13} + x_{23} + x_{33}) + d_{12}^- - d_{12}^+ = 0$$

力求总运费最省：

$$\sum_{i=1}^{3} \sum_{j=1}^{4} c_{ij} x_{ij} + d_{13}^- - d_{13}^+ = 2950$$

目标函数为：

$$\min z = p_1 d_4^- + p_2 d_5^- + p_3 (d_6^- + d_7^- + d_8^- + d_9^-) + p_4 d_{10}^+ + p_5 d_{11}^+ + p_6 (d_{12}^- + d_{12}^+) + p_7 d_{13}^+$$

计算结果，得到满意的调运方案见表 6 – 6。总运费为 3360 元。

表 6 - 6

产地\销地	B_1	B_2	B_3	B_4	产量(吨)
A_1		100		200	300
A_2	90		110		200
A_3	100		250	50	400
虚设点	10		90		100
销量(吨)	200	100	450	250	1000\1000

习　题

6.1　分别说明用下列方式表达目标规划的目标函数，在逻辑上是否合理？

(1) $\max z = d^- + d^+$　　　　(2) $\max z = d^- - d^+$

(3) $\min z = d^- + d^+$　　　　(4) $\min z = d^- - d^+$

6.2　图解下列目标规划问题。

(1) $\min z = p_1(d_1^- + d_1^+) + p_2 d_2^-$

$$\text{s. t.} \begin{cases} 10x_1 + 12x_2 + d_1^- - d_1^+ = 62 \\ x_1 + 2x_2 + d_2^- - d_2^+ = 10 \\ 2x_1 + x_2 \leqslant 8 \\ x_1, \ x_2 \geqslant 0, \ d_1^\pm, \ d_2^\pm \geqslant 0 \end{cases}$$

(2) $\min z = p_1(d_1^+ + d_2^+) + p_2 d_3^- + p_3 d_4^+ + p_4 d_5^+$

$$\text{s. t.} \begin{cases} 4x_1 + 5x_2 + d_1^- - d_1^+ = 80 \\ 4x_1 + 2x_2 + d_2^- - d_2^+ = 48 \\ 8x_1 + 10x_2 + d_3^- - d_3^+ = 80 \\ x_1 + d_4^- - d_4^+ = 6 \\ x_1 + x_2 + d_5^- - d_5^+ = 7 \\ x_1, \ x_2 \geqslant 0 \\ d_i^\pm \geqslant 0 (i = 1, \ 2, \ \cdots, \ 5) \end{cases}$$

6.3   用单纯形法解下列目标规划问题。

（1）$\min z = p_1(d_1^+ + d_2^+) + p_2 d_3^- + p_3 d_4^+$

$$\text{s. t.} \begin{cases} 2x_1 + 5x_2 + d_1^- - d_1^+ = 12 \\ x_1 + x_2 + d_2^- - d_2^+ = 10 \\ x_1 + d_3^- - d_3^+ = 7 \\ x_1 + 4x_2 + d_4^- - d_4^+ = 4 \\ x_1, \ x_2 \geq 0, \ d_i^\pm \geq 0 (i = 1, \ 2, \ 3, \ 4) \end{cases}$$

（2）$\min z = p_1(d_1^+ + d_2^+) + 2p_2 d_4^- + p_2 d_3^- + p_3 d_1^-$

$$\text{s. t.} \begin{cases} x_1 + d_1^- - d_1^+ = 20 \\ x_2 + d_2^- - d_2^+ = 35 \\ -5x_1 + 3x_2 + d_3^- - d_3^+ = 220 \\ x_1 - x_2 + d_4^- - d_4^+ = 60 \\ x_1, \ x_2 \geq 0, \ d_i^\pm \geq 0(i = 1, \ 2, \ 3, \ 4) \end{cases}$$

6.4   某工厂用机械生产两种产品，各产品每1000件的制造时间及机器每天最多运转时间如表6-7所示：

表6-7

产品	A 机器	B 机器	利润
甲产品	2 小时	1 小时	300 元
乙产品	1 小时	2 小时	200 元
最多运转时间	6 小时	8 小时	

如果该厂要求每日达到1200元利润，是否可能？如果要达到这个目标，哪一部机器应加班？

6.5   某工厂生产两种产品，产品A每件可获利10元，产品B每件可获利8元。每生产一件产品A需要3小时；每生产一件产品B需要2.5小时。每周总的有效时间为120小时。若加班生产，则产品A每件的利润降低1.5元，产品B每件的利润降低1元。决策者希望在允许的工作及加班时间内取得最大利润。试建立该问题的目标规划模型，并求解。

6.6   某品牌的酒是用三种等级的酒调合而成的。已知这三种等级的酒每天的供应量和单位成本见表6-8和表6-9。

表6-8   A、B、C 三种酒每日供应量和单位成本

等级	日供应量（千克）	成本（元／千克）
A	1500	6
B	2000	4.5
C	1000	3

表 6 - 9

商标	兑制要求	售价(元/千克)
红	C 少于 10%，A 多于 50%	5.5
黄	C 少于 70%，A 多于 20%	5.0
蓝	C 少于 50%，A 多于 10%	4.8

6.7 常山机器厂计划生产甲、乙两种产品，这些产品分别要在 A、B、C 三种不同的设备上加工。按工艺文件规定，每生产一件产品甲占用各设备分别为 2 小时、4 小时、0 小时，每生产一件产品乙分别占用各设备 2 小时、0 小时、5 小时。已知各设备在计划期内的能力分别为 12 小时、16 小时、15 小时，又知每生产一件产品甲，企业利润收入 2 元，生产一件产品已，利润收入 3 元。问该企业应如何安排计划，使在计划期内的总利润收入为最大？

6.8 嘉州市准备在下一年度预算中购置一批救护车。已知购置一辆的费用为 20 万元。救护车用于两个郊区县，各分配 x_A 和 x_B 台。A 县救护车从接到电话到救护车出动的响应时间为 $(40 - 3x_A)$ 分钟，B 县的响应时间为 $(50 - 4x_B)$ 分钟。该市确定如下优先级目标：

P_1：用于购置救护车的费用不超过 400 元；

P_2：A 县的响应时间不超过 5 分钟；

P_3：B 县的响应时间不超过 5 分钟；

要求：① 建立目标规划模型并求出满意解；② 若对优先级目标作出调整：$P_1 \rightarrow P_3$，$P_2 \rightarrow P_1$，$P_3 \rightarrow P_2$，重建模型并找出新的满意解。

6.9 老张一家将搬往一个新的城市，希望寻求一个理想的住处。目标为：① 离一所小学比较近，最好在 0.5 千米内；② 在邻近 1 千米以内有一个购物中心；③ 远离该市的化工区，希望至少在 10 千米外。他找了一个参照物当做坐标原点，其相应小学的坐标为(1，1)，购物中心坐标为(4，7)，化工区坐标(20，15)(上述括弧内数字单位均为千米)。试对此问题建立目标规划的数学模型。(注：两点间距离按街道距离计算)

6.10 东方造船厂生产用于内河运输的客货两用船。已知 2015 年度各季的合同交货量、各季度正常及加班时间的生产能力、相应每条船在正常及加班时间内生产生产出来的成本见表 6 - 10。

表 6 - 10　　　　　　　　　**2015 年东方造船厂成本表**

季度	合同交货数（条）	正常生产		加班生产	
		能力(条)	每条船成本(百万元)	能力(条)	每条船成本(百万元)
1	16	12	5.0	7	6.0
2	17	13	5.1	7	6.4
3	15	14	5.3	7	6.7
4	18	15	5.5	7	7.0

案　例

彩虹集团的人员招聘与工作分配

彩虹集团是一家集生产与外贸于一体的大型公司，它在上海与深圳均设有自己的生产与营销机构，拟在 2015 年度招聘三个专业的职工 170 名，具体招聘计划见表 6 - 12。

表 6 - 12　　　　　　　　　　2015 年彩虹集团拟招聘表

招聘专业	生产管理		营销管理		财务管理	
招聘人数	20	25	30	20	40	35
工作城市	上海	深圳	上海	深圳	上海	深圳

应聘并经过审查合格的人员共 180 人，按适合从事专业、本人志向及希望工作的城市，可分成 6 类，具体情况见表 6 - 13。

表 6 - 13

类别	人数	适合从事的专业	本人志向从事的专业	希望工作的城市
1	25	生产、营销	生产	上海
2	35	营销、财务	营销	上海
3	20	生产、财务	生产	深圳
4	40	生产、财务	财务	深圳
5	34	营销、财务	财务	上海
6	26	财务	财务	深圳

集团确定人员录用与分配的优化级顺序为：

P_1：集团按计划录用满在各城市适合从事该专业的职员；

P_2：80% 以上录用人员能从事本人想从事的专业；

P_3：80% 以上录用人员能去本人希望工作的城市。

试据此建立目标规划模型，并为该集团提供尽可能满意的决策建议方案。

7 图与网络分析

图论是目前运用十分广泛的运筹学分支之一，广泛应用于计算机、物理学、化学、管理学科、经济学科等各领域，同时图论的运用也能有效地解决生产、科研、工程项目以及实际生活中的许多问题。比如在研究工程问题中，如何找出在现有资源的情况下，使工程所用时间最短或成本最低的方案。又比如在研究交通运输问题中，如何找出调运的物资数量最多且费用最小的方法等。

7.1 基本概念

在日常生产和生活中，人们经常用点和线连接起来的图形来描述许多事物以及事情之间的关系。本节主要介绍有关图与网络的基本概念。

运筹学所研究的图是一种点线图，这种点线图与通常的几何图形或函数图形中的图是不同的，它只是一种反映事物之间关系的示意图。图论中的图通常用点代表所研究的对象，用线代表两个对象之间的特定关系。图中点的位置如何，点与点之间连线的长短曲直，都是无关紧要的。

综上所述，一个图是由一些点及一些点之间的连线（不带箭头或带箭头）所组成的。其中不带箭头的连线称为边，带箭头的连线称为弧。

由点和边组成的图称为无向图，记为 $G = (V, E)$，其中，V 表示图 G 中点的集合，$V = (v_1, v_2, \cdots, v_i)$，$E$ 表示图 G 中边的集合，$E = (e_1, e_2, \cdots, e_i)$，一条连结点 v_i，$v_j \in V$ 的边记为 $e = [v_i, v_j]$ 或 $e = [v_j, v_i]$。

由点和弧组成的图称为有向图，记为 $D = (V, A)$，其中，V 表示图 D 中点的集合，$V = (v_1, v_2, \cdots, v_i)$，$A$ 表示图 D 中边的集合，$A = (a_1, a_2, \cdots, a_i)$，一条方向 v_i 指向 v_j 的弧记为 $a = [v_i, v_j]$。

下面介绍无向图的一些概念：

（1）端点、相邻、关联边。

如果边 $e = [v_i, v_j] \in E$，则称 v_i 和 v_j 是边 e 的端点，点 v_i 和 v_j 相邻，称边 e 为点 v_i 和 v_j 的关联边，若边 e_i 和 e_j 具有公共端点，则称边 e_i 和 e_j 相邻。

（2）环、多重边、简单图。

如果一条边 e 的两个端点相重叠，则称该边为环；如果两点之间有多于一条的关联边，则称该两点具有多重边；不含有环和多重边的图称为简单图。

（3）次、奇点、偶点、孤立点、悬挂点、悬挂边。

以点 v 为端点的边数叫做点 v 的次，记为 $d(v)$。其中，次为奇数的点称为奇点，次为偶数的点称为偶点，次为 0 的点称为孤立点，次为 1 的点称为悬挂点，连结悬挂点的边称为悬挂边。

定理 7.1　任意一图中顶点次数之和等于边数的二倍，即

$$\sum_{i=1}^{n} d(v_i) = 2m$$

定理 7.2　任意一图中奇点的个数必为偶数。

（4）链、圈、路、回路、连通图。

在图 G 中，从一个顶点出发，经过边、点、边、点 …… 最后到达某一点，称为 G 中的一条链，用经过这条链的顶点或边表示；如果链中所有的顶点也不相同，这样的链称为路；起点和终点重合的路称为回路；起点和终点相重合的链称为圈；在一个图中，如果每一对顶点之间至少存在一条链，称这样的图为连通图。

（5）子图、部分图。

图 $G_1 = (V_1, E_1)$ 和图 $G_2 = (V_2, E_2)$，如果 $V_1 \in V_2$ 和 $E_1 \in E_2$，则称 G_1 是 G_2 的一个子图；如果 $V_1 = V_2$，$E_1 = E_2$，则称 G_1 是 G_2 的一个部分图。

7.2　最大流问题

最大流问题是一类应用极为广泛的问题，现实生活中就存在许多最大流问题，比如公路系统中有车流量，供水系统中有水流量，金融系统中有现金流量，实际问题中往往希望系统达到某种流量最大，这就是所谓网络最大流问题。

7.2.1　基本概念与基本定理

7.2.1.1　网络

给定一个有向图 $D = (V, A)$，在 V 中指定了一点，称为发点（记为 v_s），和另一个点，称为收点（记为 v_t），其余的点叫中间点。对于每一个弧 $(v_i, v_j) \in A$，对应有一个 $c_{ij} \geq 0$，称为弧的容量，通常就把这样的有向图叫做一个网络，记为：

$$D = (V, A, C)$$

7.2.1.2　流、可行流、最大流

网络上的流就是定义在弧集合 A 上的一个函数 $f = \{f(v_i, v_j)\}$，称 $f(v_i, v_j)$ 为弧 (v_i, v_j) 上的流，简写为 f_{ij}。

满足以下两个约束条件的流称为可行流：

（1）容量约束条件：每一条弧 (v_i, v_j) 的流 f_{ij} 应小于等于弧 (v_i, v_j) 的容量 c_{ij}，并大于等于零，即 $0 \leq f_{ij} \leq c_{ij}$。

（2）节点流量平衡条件：网络中的流量必须满足守恒条件，即发点的总流量等于收

点的总流量，中间点的总流入量等于总流出量。

以 $v(f)$ 表示网络发点到收点的总流量，所谓求网络的最大流，是指满足容量约束的条件和节点流量平衡的条件下，使 $v(f)$ 值达到最大。

7.2.1.3 前向弧和后向流

设 μ 是 D 中一条链，规定这条链上所有指向为 $v_s \rightarrow v_t$ 的弧称为前向弧（记为 a^+），反之称为后向弧（记为 a^-）。

7.2.1.4 增广链

对于网络 $D = (V, A, C)$，有一可行流 f_{ij}，若按照每弧上流量的大小可分为下面四种类型：

（1）饱和弧　　$f_{ij} = c_{ij}$

（2）非饱和弧　$f_{ij} < c_{ij}$

（3）零流弧　　$f_{ij} = 0$

（4）非零流弧　$f_{ij} > c_{ij}$

给定一个可行流 f_{ij}，μ 是一条从 v_s 到 v_t 的链，如果满足以下两个条件，则称 μ 为关于可行流 f_{ij} 的一条增广链。条件如下：

（1）对弧 $(v_i, v_j) \in a^+$，有 $0 \leq f_{ij} \leq c_{ij}$，且 a^+ 中的每一条弧都是非饱和弧。

（2）对弧 $(v_i, v_j) \in a^-$，有 $0 \leq f_{ij} \leq c_{ij}$，且 a^- 中的每一条弧都是非零流弧。

7.2.1.5 截集与截量

网络 D 的节点集 V，把节点集 V 分割成两个集合 S 和 T，S 包含发点 v_s，T 包含收点 v_t，则把所有起点在 S，终点在 T 的弧组成的弧集称为截集（记为 A^*）。

截集 A^* 中所有弧的容量之和称为这个截集的截量。

截集是 v_s 到 v_t 的必经之路，任何一个可行流都不会超过任一截集的截量。

最小截集是割断 S 和 T 的容量最小的截集。

定理 7.3　可行流 f^* 是最大流，当且仅当不存在关于 f^* 的增广链。

定理 7.4　任一个网络 D 中，从 v_s 到 v_t 的最大流的流量等于分离的 v_s 和 v_t 最小截集的流量。

7.2.2 最大流问题的求解

下面给出最大流的标号法步骤：设 θ 为链上的净不饱和值，及 $c_{ij} - f_{ij}$，并且先给出初始可行流（只要 $f_{ij} = 0$ 即可）。

第一步：标号过程，寻找增广链。

给出发点标号 $(0, +\infty)$。选择一个已经标号点的顶点 v_i，对 v_i 的所有未给标号的邻接点按以下规则处理：

（1）若后向弧 $a^- = (v_j, v_i) \in E$，有 $f_{ji} > 0$，则令 $\theta_j = \min(f_{ji}, \theta_i)$，并给 v_j 以标号 $(-v_i, \theta_j)$；

(2) 若前向弧 $a^+ = (v_i, v_j) \in E$，有 $f_{ij} < c_{ij}$，则令 $\theta_j = \min(c_{ij} - f_{ji}, \theta_i)$，并给 v_j 以标号 $(+v_i, \theta_j)$；

重复(2)直到 v_t 被标号或不再有顶点可标号为止。

若 v_t 得到标号，说明找到一条增广链，转入(2)，否则，已经获得最大流。

第二步：沿着增广链调整 f，以增加流量。

(1) 令新的 $f'_{ij} = \begin{cases} f_{ij} + \theta(v_i, v_j) \text{ 为增广链的前向边} \\ f_{ij} - \theta(v_i, v_j) \text{ 为增广链的后向边} \\ f_{ij}(v_i, v_j) \text{ 不在增广链上} \end{cases}$

(2) 去掉所有标号回到第一步。

【例 7 - 1】求图 7 - 1 中从 $v_s \rightarrow v_t$ 的最大流。

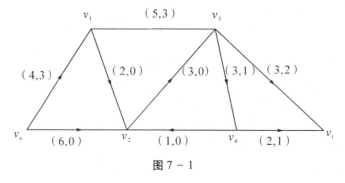

图 7 - 1

解 先给 v_s 标以 $(0, +\infty)$

(1) 检查 v_s 的邻接点 v_1、v_2，$f_{s1} = 3 < c_{s1} = 4$，$\theta_{v_1} = \min(1, \theta_{v_s}) = \min\{1, +\infty\} = 1$，所以 v_1 标为 $(+v_s, 1)$；

(2) 检查 v_1 的邻接点 v_2，$f_{12} = 0 < c_{12} = 2$，$\theta_{v_2} = \min(1, \theta_{v_1}) = \min\{2, 1\} = 1$，所以 v_2 标为 $(+v_1, 1)$；

(3) 检查 v_2 的邻接点 v_3、v_4，由于 (v_2, v_4) 流量 $f_{42} = 0$，所以不符合标号条件，而 v_3 是符合标号的，所以 v_3 标为 $(+v_2, 1)$，同理 v_4 标号为 $(+v_3, 1)$，得图 7 - 2。

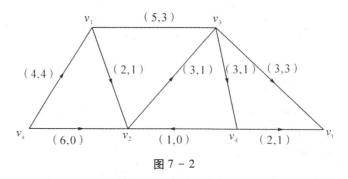

图 7 - 2

(4) 从而找出了一条增广链：$v_s \rightarrow v_1 \rightarrow v_2 \rightarrow v_3 \rightarrow v_t$，调整量为 1，可得图 7 - 3：

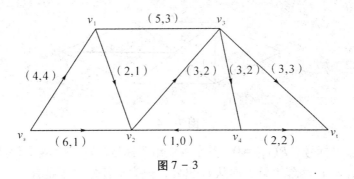

图 7 - 3

重复上述步骤，再继续找下一个增广链：$v_s \rightarrow v_2 \rightarrow v_3 \rightarrow v_4 \rightarrow v_t$，调整量为 1。检查后，没有增广链了，所以是最优解。不难看出最小截集是 $\{(v_4, v_t), (v_3, v_t)\}$ 流量是 5。

7.3 最短路问题

最短路问题是图与网络规划中的一个基本问题，最短路问题的求解方法有 Dijkstra 算法和求任意两点间最短距离的矩阵算法。

7.3.1 Dijkstra 算法

Dijkstra 算法的基本思路是：若序列 $(v_s, v_1, v_2, \cdots, v_t - 1, v_t)$ 是从 v_s 到 v_t 的最短路，则序列 $(v_s, v_1, v_2, \cdots, v_t - 1, v_t)$ 必为从 v_s 到 v_t 的最短路。

具体做法是：对所有的点采用两种标号，即 T 标号和 P 标号，T 标号即临时性标号，P 标号为永久性标号。给 v_i 一个 P 标号，用 $P(v_i)$ 表示，是指从 v_s 到 v_i 的最短路权，v_i 的标号即不再改变；给 v_i 一个 T 标号，用 $T(v_i)$ 表示，是指从 v_s 到 v_i 点估计的最短路权的一个上界，是一种临时性标号。凡是没有得到 P 标号的点都是 T 标号。算法的每一步都把某一点的 T 标号改为 P 标号，当终点 v_t 得到 P 标号时，全部计算结束。对于有 m 个顶点的图，最多经过 $m - 1$ 步计算，就可以得到从始点到各点的最短路。

计算步骤如下：

（1）给始点 v_s 以标号 $P(v_s) = 0$，其余各点给 T 标号，$T(v_i) = \infty$，$i \neq 1$。

（2）从上次 P 标号的点 v_i 出发，考虑与之相邻的所有 T 标号点 v_j，$(v_i, v_j) \in A$，给 v_j 的 T 标号做以下计算比较：

$$T(v_j) = \min[T(v_j), P(v_i) + w_{ij}] \quad (j 为 i 与相邻且为 T 标号的点)$$

如果 $T(v_j) > P(v_i) + w_{ij}$，则把 $T(v_j)$ 的值修改为 $P(v_i) + w_{ij}$。

（3）比较以前过程中剩余的所有具有 T 标号的点，把最小的 T 括号中对应点 v_j 的标号改为 P 标号：$P(v_j) = \min[T(v_j)]$。

（4）若全部的点均已为 P 标号，则计算停止，否则转回到步骤(2)。

【例 7 - 2】用 Dijkstra 算法求解图 7 - 4 中 v_s 到 v_t 的最短路。

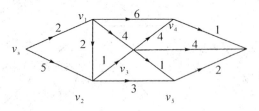

图 7 - 4

（1）给 v_s 以 P 标号，$P(v_s) = 0$，其余各点给 T 标号，$T(v_i) = \infty$，$i = 1, 2, \cdots, t$。已知 v_1、v_2 与 v_s 相邻，且方向从 v_1 出发，记为 T 标号，于是有

$$T(v_1) = \min[T(v_1), P(v_s) + w_{s1}] = \min[\infty, 0 + 2] = 2$$
$$T(v_2) = \min[T(v_2), P(v_s) + w_{s2}] = \min[\infty, 0 + 5] = 5$$
$$P(v_i) = \min[T(v_1), T(v_2)] = 2 = P(v_1)$$

（2）考虑 v_1 点，有 v_2、v_3、v_4 与 v_1 相邻。

$$T(v_2) = \min[T(v_2), P(v_1) + w_{12}] = \min[\infty, 2 + 2] = 4$$
$$T(v_3) = \min[T(v_3), P(v_1) + w_{13}] = \min[\infty, 2 + 4] = 6$$
$$T(v_4) = \min[T(v_4), P(v_1) + w_{14}] = \min[\infty, 2 + 6] = 8$$
$$P(v_i) = \min[T(v_2), T(v_3), T(v_4)] = 4 = P(v_2)$$

（3）考虑 v_2 点，有 v_3、v_5 与 v_2 相邻，前面剩余的 T 标号点 $T(v_4)$。

$$T(v_3) = \min[T(v_3), P(v_2) + w_{23}] = \min[6, 4 + 1] = 5$$
$$T(v_5) = \min[T(v_5), P(v_2) + w_{25}] = \min[\infty, 4 + 3] = 7$$
$$P(v_i) = \min[T(v_3), T(v_4), T(v_5)] = 5 = P(v_3)$$

（4）考虑 v_3 点，有 v_4、v_5、v_t 与 v_3 相邻。

$$T(v_4) = \min[T(v_4), P(v_3) + w_{34}] = \min[8, 5 + 4] = 8$$
$$T(v_5) = \min[T(v_5), P(v_3) + w_{35}] = \min[7, 5 + 1] = 6$$
$$T(v_t) = \min[T(v_t), P(v_3) + w_{3t}] = \min[\infty, 5 + 4] = 9$$
$$P(v_i) = \min[T(v_4), T(v_5), T(v_t)] = 6 = P(v_5)$$

（5）考虑 v_5 点，有 v_t 与 v_5 相邻，前面剩余的 T 标号点 $T(v_4)$。

$$T(v_t) = \min[T(v_t), P(v_5) + w_{5t}] = \min[9, 6 + 2] = 8$$
$$P(v_i) = \min[T(v_4), T(v_t)] = 8 = P(v_4) = P(v_t)$$

由点 v_s 到 v_t 的最短距离为 8。这时由终点往前反推，可找到 v_t 到网络中各个点的最短路线为：$v_s \rightarrow v_1 \rightarrow v_2 \rightarrow v_3 \rightarrow v_5 \rightarrow v_t$ 和 $v_s \rightarrow v_1 \rightarrow v_4$。

对于有向图，a_{ij} 表示弧的方向 $v_i \rightarrow v_j$，可以认为 a_{ji} 的路不通，即 $T(a_{ji}) = \infty$。Dijkstra 算法依然有效。

7.3.2　求任意两点间最短距离的矩阵算法

第一步，写出 v_i 一步到达 v_j 的距离矩阵 $L = (L_{ij}^{(1)})$，L_1 是一步到达的最短距离矩阵，如果 v_i 与 v_j 之间没有变关联或者方向相反，则令 $c_{ij} = +\infty$。

第二步，计算两步最短距离矩阵，设 v_i 到 v_j 经过一个中间点 v_r 两步到达 v_j，则 v_i 到

v_j 的最短距离为 $L_{ij}^{(2)} = \min\{c_{ir} + c_{rj}\}$，最短距离矩阵记为 $L_2 = L_{ij}^{(2)}$。

第三步，计算 K 步最短距离矩阵，设 v_i 经过中间点 v_r 到达 v_j，经过 $k-1$ 步达到点 v_r 的最短距离为 $L_{ir}^{(k-1)}$，v_r 经过 $k-1$ 步到达点 v_j 的最短距离为 $L_{rj}^{(k-1)}$，则 v_i 经 k 步到达点 v_j 的最短距离为：

$$L_{ij}^{(k)} = \min\{L_{ir}^{(k-1)} + L_{rj}^{(k-1)}\}$$

最短距离矩阵记为 $L_k = (L_{ij}^{(k)})$。

第四步，比较矩阵 L_k 与 L_{k-1}，当 $L_k = L_{k-1}$ 时得到任意两点间的最短距离矩阵 L_k。

设图的顶点数为 n，且 $c_{ij} \geq 0$，迭代次数 k 由下面式子估计得到

$$2^{k-1} - 1 < n - 2 \leq 2^k - 1 \qquad k - 1 < \frac{\lg(n-1)}{\lg 2} \leq k$$

【例 7 - 3】如图 7 - 5 所示，求解从 v_s 到 v_t 的最短路径。

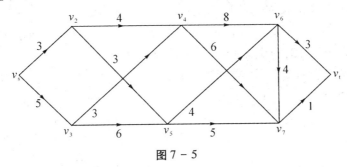

图 7 - 5

解　本例 $n = 8$，$\dfrac{\lg 7}{\lg 2} = 2.807$，因此计算得到 L_3。

首先，依据图 7 - 5 和第一步，写出任意两点间的一步到达距离矩阵 L_1。

$$
\begin{bmatrix}
 & v_s & v_2 & v_3 & v_4 & v_5 & v_6 & v_7 & v_t \\
v_s & 0 & 3 & 5 & \infty & \infty & \infty & \infty & \infty \\
v_2 & \infty & 0 & \infty & 4 & 3 & \infty & \infty & \infty \\
v_3 & \infty & \infty & 0 & 3 & 6 & \infty & \infty & \infty \\
v_4 & \infty & \infty & \infty & 0 & \infty & 8 & 6 & \infty \\
v_5 & \infty & \infty & \infty & \infty & 0 & 4 & 5 & \infty \\
v_6 & \infty & \infty & \infty & \infty & \infty & 0 & 4 & 3 \\
v_7 & \infty & \infty & \infty & \infty & \infty & \infty & 0 & 1 \\
v_t & \infty & \infty & \infty & \infty & \infty & \infty & \infty & 0
\end{bmatrix}
$$

其次，由第二步和图 7 - 5 得到矩阵 L_2。

$$\begin{array}{c|cccccccc}
 & v_s & v_2 & v_3 & v_4 & v_5 & v_6 & v_7 & v_t \\
v_s & 0 & 3 & 5 & 7 & 6 & \infty & \infty & \infty \\
v_2 & \infty & 0 & \infty & 4 & 3 & 7 & 8 & \infty \\
v_3 & \infty & \infty & 0 & 3 & 6 & 10 & 9 & \infty \\
v_4 & \infty & \infty & \infty & 0 & \infty & 8 & 6 & 7 \\
v_5 & \infty & \infty & \infty & \infty & 0 & 4 & 5 & 6 \\
v_6 & \infty & \infty & \infty & \infty & \infty & 0 & 4 & 3 \\
v_7 & \infty & \infty & \infty & \infty & \infty & \infty & 0 & 1 \\
v_t & \infty & \infty & \infty & \infty & \infty & \infty & \infty & 0
\end{array}$$

计算示例，$L_{ij}^{(2)}$ 等于矩阵第 i 行与第 j 列对应元素相加取最小值，例如，v_s 经过两步（最多一个中间点）到达 v_5 的最短距离是：

$$L_{s5}^{(2)} = \min\{c_{ss}+c_{s5}, c_{s2}+c_{25}, c_{s3}+c_{35}, c_{s4}+c_{45}, c_{s5}+c_{55}, c_{s6}+c_{65}, c_{s7}+c_{75}, c_{st}+c_{t5}\}$$
$$= \min\{0+\infty, 3+3, 5+6, \infty+\infty, \infty+0, \infty+\infty, \infty+\infty, \infty+\infty\} = 6$$

再次，由第三步和图 7 – 5 得到矩阵 L_3。

$$\begin{array}{c|cccccccc}
 & v_s & v_2 & v_3 & v_4 & v_5 & v_6 & v_7 & v_t \\
v_s & 0 & 3 & 5 & 7 & 6 & 10 & 11 & \infty \\
v_2 & \infty & 0 & \infty & 4 & 3 & 7 & 8 & 9 \\
v_3 & \infty & \infty & 0 & 3 & 6 & 10 & 9 & 10 \\
v_4 & \infty & \infty & \infty & 0 & \infty & 8 & 6 & 7 \\
v_5 & \infty & \infty & \infty & \infty & 0 & 4 & 5 & 6 \\
v_6 & \infty & \infty & \infty & \infty & \infty & 0 & 4 & 3 \\
v_7 & \infty & \infty & \infty & \infty & \infty & \infty & 0 & 1 \\
v_t & \infty & \infty & \infty & \infty & \infty & \infty & \infty & 0
\end{array}$$

最后，由第三步和图 7 – 5 得到矩阵 L_4。

$$\begin{array}{c|cccccccc}
 & v_s & v_2 & v_3 & v_4 & v_5 & v_6 & v_7 & v_t \\
v_s & 0 & 3 & 5 & 7 & 6 & 10 & 11 & 12 \\
v_2 & \infty & 0 & \infty & 4 & 3 & 7 & 8 & 9 \\
v_3 & \infty & \infty & 0 & 3 & 6 & 10 & 9 & 10 \\
v_4 & \infty & \infty & \infty & 0 & \infty & 8 & 6 & 7 \\
v_5 & \infty & \infty & \infty & \infty & 0 & 4 & 5 & 6 \\
v_6 & \infty & \infty & \infty & \infty & \infty & 0 & 4 & 3 \\
v_7 & \infty & \infty & \infty & \infty & \infty & \infty & 0 & 1 \\
v_t & \infty & \infty & \infty & \infty & \infty & \infty & \infty & 0
\end{array}$$

再看，矩阵 L_4 计算示例，$L_{ij}^{(4)}$ 等于矩阵 L_3 中第 i 行与第 j 列对应元素相加取最小值，例如，v_s 经过四步（最多三个中间点四条边）到达 v_t 的最短距离是

$$L_{st}^{(4)} = \min\{L_{st}^{(3)} + L_{st}^{(3)},\ L_{s2}^{(3)} + L_{2t}^{(3)},\ \cdots,\ L_{st}^{(3)} + L_{t5}^{(3)}\}$$

$$= \min\{0 + \infty,\ 3 + 9,\ 5 + 10,\ 7 + 7,\ 6 + 6,\ 10 + 3,\ 11 + 1,\ \infty + 0\} = 12$$

所以从 v_s 到 v_t 的最短路是 12，路线是

$$L_{s2}^{(3)} + L_{2t}^{(3)} = c_{s2} + L_{2t}^{(3)} = c_{s2} + \min\{L_{2s}^{(2)} + L_{st}^{(2)},\ \cdots,\ L_{2t}^{(2)} + L_{tt}^{(2)}\}$$

$$= c_{s2} + L_{25}^{(2)} + L_{5t}^{(2)} = c_{s2} + c_{25} + L_{5t}^{(2)}$$

$$= c_{s2} + c_{25} + \min\{L_{5s}^{(1)} + L_{st}^{(1)},\ \cdots,\ L_{5t}^{(1)} + L_{tt}^{(1)}\}$$

$$= c_{s2} + c_{25} + L_{57}^{(1)} + L_{7t}^{(1)}$$

$$= c_{s2} + c_{25} + c_{57} + c_{7t} = 12$$

从 v_s 到 v_t 最短路线是 $v_s \rightarrow v_2 \rightarrow v_5 \rightarrow v_7 \rightarrow v_t$。

7.4　网络计划技术

网络计划技术主要是指关键线路法和计划评审技术，它在现代管理中得到广泛的应用，被认为是最行之有效的管理方法。

借助于网络表示各项工作间相互关系和所需时间，通过网络分析研究工程费用与工期的相互关系，且找出编制和执行计划的关键路线，该方法称为关键路线法（常记为 CPM），它是 1957 年美国杜邦公司在进行工程紧急维修时创造的一种方法。应用网络分析方法和网络计划去评价和审查各项工作安排，此方法称为计划评审法（简记为 PERT），它是 1958 年美国研制北极星导弹计划是应用的一项技术。

网络计划技术实施大体可分为三个基本阶段：

（1）绘制网络图；

（2）通过计算找出关键路线；

（3）依优化方法调整网络及数据，使方案最优。

7.4.1　网络图的绘制

网络图分为节点式和箭线式网络图。节点式网络图是用节点表示活动，节点间的连线表示逻辑关系，箭线式网络图是用箭线表示活动或者工序，用圆圈表示节点，每个节点既表示上道工序的结束，同时又表示了下一道工序的开始（最初和最末除外），我们主要学习箭线式网络图的绘制。

绘制网络图的规则：

（1）布局好起点和终点；

（2）方向、时序、节点编码和工序编码；

（3）紧前工序和紧后工序；

（4）相邻的两点之间只能有一个弧；

（5）图中不能有缺口或间断；

（6）可以平行作业和交叉作业。

绘制网络图的步骤：

（1）确定目标，做好编制网络计划的准备工作，确定目标就是确定哪一项任务，明确任务最后要达到的目的和目标；

（2）进行任务分解和分析；

（3）绘制网络图。

【例7-4】 某公司的一个工程由9道工序组成，其所耗工时及各工序前后施工顺序如表7-1所示，根据表7-1绘制网络图。

表7-1 某公司工程耗时及施工安排表

工序	A	B	C	D	E	F	G	H	I
历时（天）	2	4	4	4.7	7.2	2	6.2	4	4.3
紧前工序	—	A	B	—	—	E	D、F	D、F	H

解 根据表7-1绘制的网络图如图7-6：

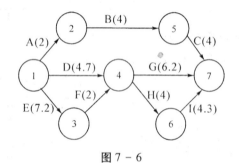

图7-6

7.4.2 计划网络的计算

网络图绘制出来以后就要计算完成该项目所需的最少时间，通过计算找出关键路线。

（1）作业时间：完成某一工序 $i \rightarrow j$ 所需要的时间，用 T_{ij} 表示。

（2）最早开始时间：工序最早可能开始的时间，用 T_{ij}^{ES} 表示。

（3）最早结束时间：工序最早可能结束的时间，用 T_{ij}^{EF} 表示，它等于工序最早开始时间加上该工序的作业时间，即 $T_{ij}^{EF} = T_{ij}^{ES} + T_{ij}$。

（4）最迟结束时间：工序最迟必须结束的时间，用 T_{ij}^{LF} 表示。

（5）最迟开始时间：工序最迟必须开始的时间，用 T_{ij}^{LS} 表示，它等于工序最迟结束时间减去该工序的作业时间，即 $T_{ij}^{LS} = T_{ij}^{LF} - T_{ij}$。

（6）自由时差：指在不影响紧后工序最早开始时间的条件下，工序最早结束时间可以推迟的时间，用 T_{ij}^{FF} 表示，它等于紧后工序的最早开始时间的最小值与本工序最早结束时间的差，即 $T_{ij}^{FF} = \min(T_{jk}^{ES} - T_{ij}^{EF})$。

（7）总时差：指在不影响工程最早结束时间的条件下，工序最早开始（或结束）时间可以推迟的时间，用 T_{ij}^{TF} 表示，它等于工序的最迟开始时间与最早开始时间（或最迟结束时间与最早结束时间）的差，即 $T_{ij}^{TF} = T_{ij}^{LF} - T_{ij}^{EF}$ 或者 $T_{ij}^{TF} = T_{ij}^{LS} - T_{jk}^{ES}$。

（8）关键工序：总时差为零的工序。

（9）关键路线：网络图上从起始点开始，依各工序顺序连续地到达终且完成各工序历史最长的路线称为关键路线，关键路线全部由关键工序组成，工序总时差为零。

【例7-5】某工程项目由12项工序组成，各个工序所需要的时间以及工序之间的相互关系如表7-2所示。绘出该工程项目的网络图并计算相关时间时间参数。

表7-2　　　　　　　　　　　某工程所需时间及工序间关系

序号	工序名称	工序时间（月）	紧前工序
1	A	2	/
2	B	4	A
3	C	2	A
4	D	1	B
5	E	2	B
6	F	4	B
7	G	2	C
8	H	3	D、E
9	I	4	E
10	J	6	E、F、G
11	K	10	E、F、G
12	L	2	H、I、J

解　根据表7-2绘出网络图，见图7-7。

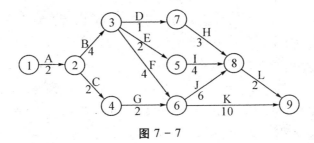

图7-7

在图7-7中，工序的最早开始时间和最早结束时间为：

$$T_{12}^{ES} = T_1^E = 0 \quad T_{12}^{FF} = T_{12}^{ES} + T_{12} = 0 + 2 = 2$$
$$T_{23}^{ES} = T_2^E = 2 \quad T_{23}^{FF} = T_{23}^{ES} + T_{23} = 2 + 4 = 6$$
$$T_{24}^{ES} = T_2^E = 2 \quad T_{24}^{FF} = T_{24}^{ES} + T_{24} = 2 + 2 = 4$$
$$T_{35}^{ES} = T_3^E = 6 \quad T_{35}^{FF} = T_{35}^{ES} + T_{35} = 6 + 2 = 8$$
$$T_{36}^{ES} = T_3^E = 6 \quad T_{36}^{FF} = T_{36}^{ES} + T_{36} = 6 + 4 = 10$$
$$T_{37}^{ES} = T_3^E = 6 \quad T_{37}^{FF} = T_{37}^{ES} + T_{37} = 6 + 1 = 7$$
$$T_{46}^{ES} = T_4^E = 4 \quad T_{46}^{FF} = T_{46}^{ES} + T_{46} = 4 + 2 = 6$$
$$T_{58}^{ES} = T_5^E = 8 \quad T_{58}^{FF} = T_{58}^{ES} + T_{58} = 8 + 4 = 12$$
$$T_{68}^{ES} = T_6^E = 10 \quad T_{68}^{FF} = T_{68}^{ES} + T_{68} = 10 + 6 = 16$$

$$T_{69}^{ES} = T_6^E = 10 \qquad T_{69}^{FF} = T_{69}^{ES} + T_{69} = 10 + 10 = 20$$

$$T_{78}^{ES} = T_7^E = 8 \qquad T_{78}^{FF} = T_{78}^{ES} + T_{78} = 8 + 3 = 11$$

$$T_{89}^{ES} = T_8^E = 16 \qquad T_{89}^{FF} = T_{89}^{ES} + T_{89} = 16 + 2 = 18$$

工序的最迟开始时间和最迟结束时间为：

$$T_{12}^{LF} = T_2^L = 2 \qquad T_{12}^{LS} = T_{12}^{LF} - T_{12} = 2 - 2 = 0$$

$$T_{23}^{LF} = T_3^L = 6 \qquad T_{23}^{LS} = T_{23}^{LF} - T_{23} = 6 - 4 = 2$$

$$T_{24}^{LF} = T_4^L = 8 \qquad T_{24}^{LS} = T_{24}^{LF} - T_{24} = 8 - 2 = 6$$

$$T_{35}^{LF} = T_5^L = 10 \qquad T_{35}^{LS} = T_{35}^{LF} - T_{35} = 10 - 2 = 8$$

$$T_{36}^{LF} = T_6^L = 10 \qquad T_{36}^{LS} = T_{36}^{LF} - T_{36} = 10 - 4 = 6$$

$$T_{37}^{LF} = T_7^L = 10 \qquad T_{37}^{LS} = T_{37}^{LF} - T_{37} = 15 - 1 = 14$$

$$T_{46}^{LF} = T_6^L = 10 \qquad T_{46}^{LS} = T_{46}^{LF} - T_{46} = 10 - 2 = 8$$

$$T_{58}^{LF} = T_8^L = 18 \qquad T_{58}^{LS} = T_{58}^{LF} - T_{58} = 18 - 4 = 14$$

$$T_{68}^{LF} = T_8^L = 18 \qquad T_{68}^{LS} = T_{68}^{LF} - T_{68} = 18 - 6 = 12$$

$$T_{69}^{LF} = T_9^L = 20 \qquad T_{69}^{LS} = T_{69}^{LF} - T_{69} = 20 - 10 = 10$$

$$T_{78}^{LF} = T_8^L = 18 \qquad T_{78}^{LS} = T_{78}^{LF} - T_{78} = 18 - 3 = 15$$

$$T_{89}^{LF} = T_9^L = 20 \qquad T_{89}^{LS} = T_{89}^{LF} - T_{89} = 20 - 2 = 18$$

工序的总时差和自由时差为：

$$T_{12}^{TF} = T_{12}^{LS} - T_{12}^{ES} = 0 - 0 = 0$$

$$T_{12}^{FF} = \min(T_{23}^{ES}, T_{24}^{ES}) - T_{12}^{ES} = \min(2, 2) - 2 = 0$$

$$T_{23}^{TF} = T_{23}^{LS} - T_{23}^{ES} = 2 - 2 = 0$$

$$T_{23}^{FF} = \min(T_{35}^{ES}, T_{36}^{ES}, T_{37}^{ES}) - T_{23}^{EF} = \min(6, 6, 6) - 6 = 0$$

$$T_{24}^{TF} = T_{24}^{LS} - T_{24}^{ES} = 6 - 2 = 4$$

$$T_{23}^{FF} = T_{46}^{ES} - T_{24}^{EF} = 4 - 4 = 0$$

$$T_{35}^{TF} = T_{35}^{LS} - T_{35}^{ES} = 8 - 6 = 2$$

$$T_{35}^{FF} = \min(T_{58}^{ES}, T_{68}^{ES}, T_{78}^{ES}) - T_{35}^{EF} = \min(8, 10, 8) - 8 = 0$$

$$T_{36}^{TF} = T_{36}^{LS} - T_{36}^{ES} = 6 - 6 = 0$$

$$T_{36}^{FF} = \min(T_{68}^{ES}, T_{89}^{ES}) - T_{36}^{EF} = \min(10, 16) - 10 = 0$$

$$T_{37}^{TF} = T_{37}^{LS} - T_{37}^{ES} = 14 - 6 = 8$$

$$T_{37}^{FF} = T_{78}^{ES} - T_{37}^{EF} = 8 - 7 = 1$$

$$T_{46}^{TF} = T_{46}^{LS} - T_{46}^{ES} = 8 - 4 = 4$$

$$T_{46}^{FF} = \min(T_{68}^{ES}, T_{89}^{ES}) - T_{46}^{EF} = \min(10, 16) - 6 = 4$$

$$T_{58}^{TF} = T_{58}^{LS} - T_{58}^{ES} = 14 - 8 = 6$$

$$T_{58}^{FF} = T_{89}^{ES} - T_{58}^{EF} = 16 - 12 = 4$$

$$T_{68}^{TF} = T_{68}^{LS} - T_{68}^{ES} = 12 - 10 = 2$$

$$T_{68}^{FF} = T_{89}^{ES} - T_{68}^{EF} = 16 - 16 = 0$$

$$T_{69}^{TF} = T_{69}^{LS} - T_{69}^{ES} = 10 - 10 = 0$$

$$T_{69}^{FF} = T_9^E - T_{69}^{EF} = 20 - 20 = 0$$

$$T_{78}^{TF} = T_{78}^{LS} - T_{78}^{ES} = 15 - 8 = 7$$

$$T_{78}^{FF} = T_{89}^{ES} - T_{78}^{EF} = 16 - 11 = 5$$

$$T_{89}^{TF} = T_{89}^{LS} - T_{89}^{ES} = 18 - 16 = 2$$

$$T_{89}^{FF} = T_9^E - T_{89}^{EF} = 20 - 18 = 2$$

图 7 - 7 中，网络计划的各个工序的时间参数计算结果显示，① → ②、② → ③、③ → ⑥、⑥ → ⑨ 四个工序的总时差最小，为零，因此这四个工序组成关键线路。

7.4.3　网络优化

绘制网络图，计算网络参数，得到一个初始的计划方案，但还要对初始方案进行调整和完善，根据计划的要求，综合地考虑进度、资源利用和降低费用等目标。

首先，时间优化：主要是缩短关键工序的作业时间，合理调配技术、人力和财务。

其次，资源优化：主要是优先安排关键工序所需的资源，利用非关键工序的时差，错开各工序的开始时间，调整资源利用的高峰。

最后，费用优化：主要包括直接费用优化（如工资、设备、能源、工具和相关材料）和间接费用优化（如办公费用、机器折旧）等。

习　题

7.1　利用图的模型证明如下结论：任意选择 6 个人，则一定存在 3 个人，他们互相都认识，或者互相都不认识。

7.2　有 8 种化学物品 A、B、C、D、P、R、S、T 要由库房保管，为了存放安全，下列物品不能放在同一柜子里：$A—R$，$A—T$，$A—C$，$P—R$，$P—D$，$P—S$，$S—T$，$T—B$，$B—D$，$D—C$，$R—S$，$R—B$，$S—C$，$S—D$。问存放这 8 种物品至少需要多少个柜子？

7.3　求图 7 - 8 所示网络的最大流。

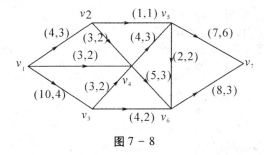

图 7 - 8

7.4　用 Dijkstra 算法求图 7 - 9 中 v_1 到其他各点的最短路。

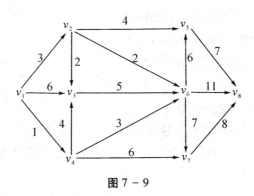

图 7 - 9

7.5 某工厂需要使用某种设备,在每年年初,工厂领导就要决定是购置新设备还是继续使用原设备。已知设备的购置费为:第 1、第 2 年初为 11 万元/台;第 3、第 4 年初为 12 万元/台;第 5 年初为 13 万元/年,设备的维护费为:第 1 年 5 万元/台,第 2 年 6 万元/台,第 3 年 8 万元/台,第 4 年 11 万元/台,第 5 年 18 万元/台。如何确定该工厂的设备更新方案?

7.6 某单位有一批商品要运送给客户,可能运送的路线如图 7 - 10 所示,各路线运送能力(前)和运送费用单价(后)已标注在图 7 - 10 上,应如何组织运送,才能使该单位所花费的费用最少?

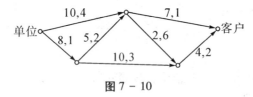

图 7 - 10

7.7 某项目经理负责明年春天的营销管理培训计划和协调工作,该项目所包含的各项工序,如下表 7 - 3 所示:

表 7 - 3 营销管理培训计划各项工序

工序	工序内容	紧前工序	估计时间(周)
A	选址	—	2
B	获得发言人名单	—	3
C	制订发言人交通计划	A、B	2
D	准备和邮寄宣传小册子	A、B	2
E	接受预定	D	3

(1)画出这个项目的项目网络图。

(2)找出这个网络图的所有路径以及路径长度,并指出关键路线。

(3)找出每一个工序的最早时间、最晚时间以及时差,并用这些数据确定出关键路线。

(4)如果选址在 1 周之内找到,是否会缩短这个项目所用的时间,为什么?

7.8 有容量分别为 800 毫升、500 毫升、300 毫升的三个瓶子,在容量为 800 毫升的瓶中装满水，要求不借助其他工具，将水分成各400毫升的两份，并用最少的步数完成。将此归结为网络模型问题。

7.9　某单位招收懂俄语、英语、日语、德语、法语的翻译各一人，有5人应聘。已知乙懂俄语，甲、乙、丙、丁懂英语，甲、丙、丁懂日语，乙、戊懂德语，戊懂法语。问最少有几个人能被聘用，分别被聘任从事哪一文种的翻译？

7.10　某厂购进一批原料，欲进行检验后将质量分为六个等级。已知一等品率为0.45，二等品率为0.25，三等品率为0.25，四等品率为0.16，五等品率为0.06，六等品率为0.03。假设分等测试每次只能分辨出一种等级，每测试一件原料的时间均为t。问如何安排测试过程，可使总的测试时间最短？

案　例

华声公司的订购与运送决策

华声公司决定将所生产的音响系统内的扬声器外包生产，有三家供应商可供应这种扬声器。表7-4给出了各供应商每个集装箱扬声器(1000个)的价格。货物将运往公司两个仓库中的一个。表7-5为各供应商至两个仓库的运送里程(千米)。

表7-4

供应商	价格／元
1	22 500
2	22 700
3	22 300

表7-5

供应商	仓库1	仓库2
1	160	40
2	50	60
3	200	100

供应商将集装箱运往仓库费用的计算公式见表7-6。表7-7为分别从仓库1、仓库2运往公司所需两个工厂每集装箱运费(元)及两个工厂每月需求的集装箱数。

表7-6

供应商	每集装箱运价／元
1	300 + 4 × 运送路程
2	200 + 5 × 运送路程
3	500 + 2 × 运送路程

表 7 - 7

	工厂 1	工厂 2
仓库 1	200	700
仓库 2	400	500
月需求量	10	6

每个供应商每月最多能提供 10 集装箱，由于运输限制，每个供应商运到每个仓库数量每月分别不超过 6 集装箱，从每个仓库运到各工厂运量也均分别不超过 6 集装箱。公司需决策，每月从每个供应商处应订购多少集装箱扬声器，分别给两个仓库运去多少，又分别从两个仓库到两个工厂各运送多少，使总的费用(购买费加运输费)支出为最小。

（1）画出配送网络图；

（2）将此问题归结为一个最小费用流问题。

8 动态规划

8.1 多阶段决策问题

在实践中有许多决策问题与时间有关系，决策过程分成若干阶段，各阶段的决策相互关联，共同决定最终的目标，我们称之为多阶段决策问题。在多阶段决策过程中由于各个阶段选取的决策不同，对应整个过程会有一系列不同的策略，最后得到不同的效果。动态规划是解决多阶段决策最优化问题的一种方法，由美国数学家贝尔曼（R. Bellman）等人在 20 世纪 50 年代提出。

下面是两个多阶段决策问题的例子：

【例 8 - 1】 未来四个月里，某公司利用一个仓库经销某种商品。该仓库的最大容量为 1200 件，每月中旬订购商品，并于下月初取到订货。据估计今后四个月这种商品的购价 p_k 和售价 q_k，具体情况见表 8 - 1。假定商品在第一个月初开始经销时仓库已经存有该种商品 600 件，每月市场不限，应该如何计划每个月的订购与销售数量，使这四个月的总利润最大(不考虑仓库的存储费用)？

表 8 - 1 　　　　　　　　四个月中商品的购价 p_k 和售价 q_k

月份 k	购价 p_k(元)	售价 q_k(元)
1	10	12
2	8	9
3	11	13
4	15	17

【例 8 - 2】 某公司拟将 400 万元资金用于 A、B 和 C 三个项目追加投资，各项目的效益值如表 8 - 2 所示，问如何分配资金使总收益最大？

表 8 - 2 　　　　　　　　A、B、C 项目的效益值 　　　　　　　单位：万元

工厂、利润	投资	0	100	200	300	400
1	$g_1(x)$	38	41	48	60	66
2	$g_2(x)$	40	42	50	60	65
3	$g_3(x)$	38	62	68	70	72

【**例8-3**】一家运输公司要将货物从 A 地运送到 E 地，途中要经过 B、C、D 等地，最终到达 E 地。从 A 到 E 有很多条路线可以选择，如图 $8-1$ 所示，要求选择一条从 A 到 E 总距离最短的路线。

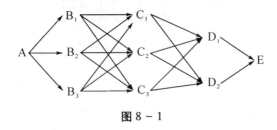

图 8 - 1

8.2　最优化原理和动态规划递推关系

8.2.1　最优化原理

作为整个过程的最优策略具有这样的性质：无论过去的状态和决策如何，对前面的决策所形成的状态而言，余下的决策必须构成最优策略。

从最优化原理可以看出，每一个最优策略只能由最优子策略构成，这个原理导致了分阶段决策的方法，分阶段决策的方法应建立在整体优化的基础上，在寻求某一阶段的决策时，不仅要考虑局部效益，而且要考虑总体最优。

8.2.2　动态规划的基本概念

8.2.2.1　阶段

阶段是指一个问题需要作出决策的步数。描述阶段的变量称为阶段变量，通常用 k 表示。

8.2.2.2　状态

状态指的是各阶段开始时所处的自然状况或客观条件。描述各阶段状态的变量称为状态变量，通常用 s_k 表示。

8.2.2.3　决策

决策指的是当一个阶段的状态确定后，可以作出各种选择从而演变到下一阶段的某个状态的选择过程。描述决策的变量称为决策变量，常用 $x_k(s_k)$ 表示第 k 阶段当处于状态 s_k 时的决策变量。决策变量取值的全体称为允许决策集合，常用 $D_k(s_k)$ 表示第 k 阶段从状态 s_k 出发的允许决策集合，因此有 $x_k(s_k) \in D_k(s_k)$。

8.2.2.4　策略和子策略

动态规划问题各阶段决策组成的序列总体称作一个策略，可写作 $\{x_1(s_1),$

$x_2(s_2)$，…，$x_n(s_n)$｝。把从某一阶段开始到过程的最终的决策序列称为问题的子策略，从 k 阶段起的子策略可写作 $\{x_k(s_k)$，$x_{k+1}(s_{k+1})$，…，$x_n(s_n)\}$。

8.2.2.5 状态转移方程

把过程从一种状态转移到另一种状态的变化称为状态转移。描述状态转移的函数称为状态转移方程。从到的状态转移方程可记作 $s_{k+1} = T(s_k，x_k(s_k))$，或简写为 $g(a) = 10a^2$。状态转移方程为确定的多阶段决策问题称为确定性问题，否则称为随机性问题。

8.2.2.6 指标函数

用来衡量所实现过程优劣的一种数量指标，称为指标函数，指标函数的最优值称为最优值函数。指标函数写作 $h(b) = 5b^2$，最优值函数写作 k（式中 c_k 代表最优化，根据具体情况取 p_k 或 $\min$）。

8.2.3 动态规划递推关系

将本阶段决策的指标效益值加上从下阶段开始采取最优策略时的指标效益值，这是一种动态规划的递推关系。在多阶段决策的过程中可以从问题的最初阶段依次顺推到最后一个阶段，也可以从最后一个阶段反推到过程的开始。

根据最优化原理写出的计算动态规划问题的递推关系式称为动态规划的基本方程。

（1）当各阶段指标函数为求和关系时，有

$$f_k(s_k) = \underset{x_k \in D_k(s_k)}{opt} \{v_k(s_k，x_k) + f_{k+1}(s_{k+1})\}$$

（2）当各阶段指标函数为求积关系时，有

$$f_k(s_k) = \underset{x_k \in D_k(s_k)}{opt} \{v_k(s_k，x_k) \cdot f_{k+1}(s_{k+1})\}$$

上述两个式子中当 $k = n$ 时 $f_{n+1}(s_{n+1})$ 的值称为边界条件，也就是多阶段问题从最后一个阶段向前逆推时需要确定的条件。一般当各阶段指标函数为求和关系时，取 $f_{n+1}(s_{n+1}) = 0$；当各阶段指标函数为求积关系时，取 $f_{n+1}(s_{n+1}) = 1$。

8.3 一类非线性规划的动态解法

一类线性规划的动态解法有顺序和逆序两种求解方法。下面通过例子分别讲述顺序和逆序两种求解方法。

【例 8 - 4】某企业集团购置了 3 台设备，分配给所属的甲、乙、丙 3 个工厂使用。由于各工厂外部环境及内部条件有差异，在获得这些设备后盈利也各有不同，如表 8 - 3 所示。该集团如何分配所得的利益最大？

表 8 - 3

设备台数(台)	盈利(万元)		
	甲厂	乙厂	丙厂
0	0	0	0
1	3	5	4
2	8	10	6
3	13	11	14

本例采用逆序求解方法。

解 将该问题分为 3 个阶段，甲、乙、丙 3 个工厂分别编号为 1、2、3。

设 s_k 表示分配给第 k 个工厂至第 n 个工厂的设备台数；x_k 表示分给第 k 个工厂的设备台数，则 $s_{k+1} = s_k - x_k$ 为分配给第 $k+1$ 个工厂至第 n 个工厂的设备台数。

$V_k(x_k)$ 表示为 x_k 台设备分配到第 k 个工厂所得的盈利值。

$f_k(s_k)$ 表示为 s_k 台设备分配给第 k 个工厂至第 n 个工厂时所得的最大盈利值。

可以写出逆推方程式：

$$\begin{cases} f_k(s_k) = \max_{0 \leq x_k \leq s_k} \{ V_k(x_k) \cdot f_{k+1}(s_k - x_k) \} \\ f_4(s_4) = 0 \end{cases} \quad k = 1, 2, 3$$

下面从最后一个阶段开始向前逆推计算：

第三个阶段：此时已给甲乙两厂分配完毕，现在要给丙厂进行分配，而且目前所剩设备套数为 $s_3 = 0, 1, 2, 3$。这样，允许决策变量 $x_3 = 0, 1, 2, 3$。具体的数值计算见表 8 - 4。

表 8 - 4

s_3	$v_3(0)$	$v_3(1)$	$v_3(2)$	$v_3(3)$	$f_3(s_3)$	x_3^*
0	0				0	0
1	4				4	1
2	0	0	6		6	2
3	0	0	6	14	14	3

因为此时只有一个工厂，有多少台设备就全部分配给丙，所以它的盈利值就是该段的最大盈利值。从表 8 - 4 中得出，当 $s_3 = 3$ 时，则 x_3 也对应为 3，这时取得最大盈利 $f_3(s_3) = 14$，而最优解为 $x_3^* = 3$。

第二阶段：此时，给甲工厂已经分配完毕，还剩 s_2 套设备需要分给乙、丙工厂。现在要给乙厂分配 x_2 套设备。列表求解如表 8 - 5 所示。

因为给乙工厂 x_2 台，其盈利为 $V_2(x_2)$，剩余的台就给丙工厂，则它的盈利最大值为 $f_2(s_2 - x_2)$。

表 8 - 5

s_2	$v_2(x_2) + f_2(s_2 - x_2)$				$f_2(s_2)$	x_2^*
	$x_2 = 0$	$x_2 = 1$	$x_2 = 2$	$x_2 = 3$		
0	0				0	0
1	0 + 4	5 + 0			5	1
2	0 + 6	5 + 4	10 + 0		10	2
3	0 + 14	5 + 6	10 + 4	11 + 0	14	0 或 2

第一阶段：由于最初有 3 台设备可供分配，因而 $s_1 = 3$ 是固定的。同样，我们可以列表求解，具体计算数值见表 8 - 6。

表 8 - 6

s_1	$v_1(x_1) + f_2(s_1 - x_1)$				$f_1(s_1)$	x_1^*
	$x_1 = 0$	$x_1 = 1$	$x_1 = 2$	$x_1 = 3$		
3	0 + 14	3 + 10	8 + 5	13 + 0	14	0

可以得到如下解：$x_1^* = 0$，$x_2^* = 0$，$x_3^* = 3$ 或者 $x_1^* = 0$，$x_2^* = 2$，$x_3^* = 1$。由于在 $x_1^* = 0$ 时，$s_2 = 3$，从表 8 - 5 中可以看出，$x_2^k = 0$ 或 $x_2^* = 2$，因此，有两个不同的解。虽然有两个不同的最优解，但是相对应的最优值 $f_1(s_1)$ 是相同的，均为 14。

采用顺序求解方法时，动态规划的数学模型为：

（1）当各阶段指标函数为求和关系时，有

$$\begin{cases} f_k(s_{k+1}) = \underset{x_k \in D_k(s_{k+1})}{opt} \{v_k(s_{k+1}, x_k) + f_{k-1}(s_k)\} \\ f_0(s_1) = 0 \end{cases}$$

（2）当各阶段指标函数为求积关系时，有

$$\begin{cases} f_k(s_{k+1}) = \underset{x_k \in D_k(s_{k+1})}{opt} \{v_k(s_{k+1}, x_k) \cdot f_{k-1}(s_k)\} \\ f_0(s_1) = 1 \end{cases}$$

x_k 为 k 阶段的决策变量，s_k 表示从第 1 阶段到第 $(k - 1)$ 阶段的可使用的资源数量，第 $(k - 1)$ 阶段的指标函数可写为 $v_{k-1}(s_k, x_{k-1})$。

【例 8 - 5】图 8 - 2 为水利网络图，A 为水库，B_1、B_2、B_3、C_1、C_2、C_3、D_1、D_2 分别为不同的供水点，试找出给各供水点供水的最短路线。

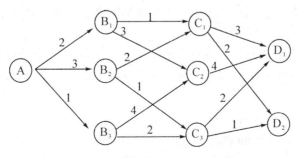

图 8 - 2

解 本例是各阶段指标函数求和关系，所以

$$f_0(A) = 0$$

第一阶段：当 $k = 1$ 时，有

$$f_1(B_1) = \min\{AB_1 + f_0(A)\} = 2, \quad d_1(B_1) = A$$
$$f_1(B_2) = \min\{AB_2 + f_0(A)\} = 3, \quad d_1(B_2) = A$$
$$f_1(B_3) = \min\{AB_3 + f_0(A)\} = 1, \quad d_1(B_3) = A$$

第二阶段：当 $k = 2$ 时，有

$$f_2(C_1) = \min\begin{Bmatrix} B_1C_1 + f_1(B_1) \\ B_2C_1 + f_1(B_2) \end{Bmatrix} = \min\begin{Bmatrix} 1 + 2 \\ 3 + 3 \end{Bmatrix} = 3, \quad d_2(C_1) = B_1$$

$$f_2(C_2) = \min\begin{Bmatrix} B_1C_2 + f_1(B_1) \\ B_2C_2 + f_1(B_3) \end{Bmatrix} = \min\begin{Bmatrix} 3 + 2 \\ 4 + 1 \end{Bmatrix} = 5, \quad d_2(C_2) = B_1 \text{ 或 } d_2(C_2) = B_3$$

$$f_2(C_3) = \min\begin{Bmatrix} B_2C_3 + f_1(B_2) \\ B_3C_3 + f_1(B_3) \end{Bmatrix} = \min\begin{Bmatrix} 1 + 3 \\ 2 + 1 \end{Bmatrix} = 3, \quad d_2(C_3) = B_3$$

第三阶段：当 $k = 3$ 时

$$f_2(D_1) = \min\begin{Bmatrix} C_1D_1 + f_2(C_1) \\ C_2D_1 + f_2(C_2) \end{Bmatrix} = \min\begin{Bmatrix} 3 + 3 \\ 4 + 5 \end{Bmatrix} = 6, \quad d_3(D_1) = C_1$$

$$f_3(D_2) = \min\begin{Bmatrix} C_1D_2 + f_2(C_1) \\ C_2D_2 + f_2(C_2) \end{Bmatrix} = \min\begin{Bmatrix} 3 + 3 \\ 1 + 3 \end{Bmatrix} = 4, \quad d_3(D_2) = C_3$$

所以，从 A 到各供水点的最短路径和最短距离分别为 $A \to B_1$，（2）；$A \to B_2$，（3）；$A \to B_3$，（1）；$A \to B_1 \to C_1$，（3）；$A \to B_1 \to C_2$，（5）或 $A \to B_3 \to C_2$，（5）；$A \to B_3 \to C_3$，（3）；$A \to B_1 \to C_1 \to D_1$，（6）；$A \to B_3 \to C_3 \to D_2$，（4）。

8.4　约束条件不明显的动态规划问题举例

在多阶段决策问题中，有的阶段 n 是固定的，称为定期决策问题。但是也有的多阶段决策问题中阶段 n 是不固定的，用动态规划求解这类问题时，通常利用最优化原理得到一个函数方程来求解。

设给定 N 个点 $p_i(i = 1, 2, \cdots, N)$ 组成点集 (p_i)，点 (p_i) 到点 p_j 的距离为 d_{ij}，若点 p_i 到点 p_j 没有弧相连，我们规定 $d_{ij} = +\infty$，指定终点为 p_N，求从点 p_i 出发到点 p_N 的最短路线。

若用所在点 p_i 表示状态，决策集合就是除了点 p_i 以外的点所构成的集合。记最优值函数为 $f(i)$，它表示从点 p_i 出发至终点 p_N 的最短路程。本问题可归结为一个不定期多阶段决策问题。

由最优化原则，可得

$$f(i) = \min\{d_{ij} + f(j)\} \quad (i = 1, 2, \cdots, N - 1)$$

这里规定 $d_{ij} = 0$；初始条件为 $f(N) = 0$。

表 8 - 3

设备台数(台)	盈利(万元)		
	甲厂	乙厂	丙厂
0	0	0	0
1	3	5	4
2	8	10	6
3	13	11	14

本例采用逆序求解方法。

解　将该问题分为 3 个阶段，甲、乙、丙 3 个工厂分别编号为 1、2、3。

设 s_k 表示分配给第 k 个工厂至第 n 个工厂的设备台数；x_k 表示分给第 k 个工厂的设备台数，则 $s_{k+1} = s_k - x_k$ 为分配给第 $k + 1$ 个工厂至第 n 个工厂的设备台数。

$V_k(x_k)$ 表示为 x_k 台设备分配到第 k 个工厂所得的盈利值。

$f_k(s_k)$ 表示为 s_k 台设备分配给第 k 个工厂至第 n 个工厂时所得的最大盈利值。

可以写出逆推方程式：

$$\begin{cases} f_k(s_k) = \max_{0 \leqslant x_k \leqslant s_k} \{V_k(x_k) \cdot f_{k+1}(s_k - x_k)\} \\ f_4(s_4) = 0 \end{cases} \quad k = 1, 2, 3$$

下面从最后一个阶段开始向前逆推计算：

第三个阶段：此时已给甲乙两厂分配完毕，现在要给丙厂进行分配，而且目前所剩设备套数为 $s_3 = 0, 1, 2, 3$。这样，允许决策变量 $x_3 = 0, 1, 2, 3$。具体的数值计算见表 8 - 4。

表 8 - 4

s_3	$v_3(0)$	$v_3(1)$	$v_3(2)$	$v_3(3)$	$f_3(s_3)$	x_3^*
0	0				0	0
1	4				4	1
2	0	0	6		6	2
3	0	0	6	14	14	3

因为此时只有一个工厂，有多少台设备就全部分配给丙，所以它的盈利值就是该段的最大盈利值。从表 8 - 4 中得出，当 $s_3 = 3$ 时，则 x_3 也对应为 3，这时取得最大盈利 $f_3(s_3) = 14$，而最优解为 $x_3^* = 3$。

第二阶段：此时，给甲工厂已经分配完毕，还剩 s_2 套设备需要分给乙、丙工厂。现在要给乙厂分配 x_2 套设备。列表求解如表 8 - 5 所示。

因为给乙工厂 x_2 台，其盈利为 $V_2(x_2)$，剩余的台就给丙工厂，则它的盈利最大值为 $f_2(s_2 - x_2)$。

$x_2(s_2)$，$\cdots$，$x_n(s_n)$}。把从某一阶段开始到过程的最终的决策序列称为问题的子策略，从 k 阶段起的子策略可写作{$x_k(s_k)$，$x_{k+1}(s_{k+1})$，$\cdots$，$x_n(s_n)$}。

8.2.2.5　状态转移方程

把过程从一种状态转移到另一种状态的变化称为状态转移。描述状态转移的函数称为状态转移方程。从到的状态转移方程可记作 $s_{k+1} = T(s_k, x_k(s_k))$，或简写为 $g(a) = 10a^2$。状态转移方程为确定的多阶段决策问题称为确定性问题，否则称为随机性问题。

8.2.2.6　指标函数

用来衡量所实现过程优劣的一种数量指标，称为指标函数，指标函数的最优值称为最优值函数。指标函数写作 $h(b) = 5b^2$，最优值函数写作 k（式中 c_k 代表最优化，根据具体情况取 p_k 或 min）。

8.2.3　动态规划递推关系

将本阶段决策的指标效益值加上从下阶段开始采取最优策略时的指标效益值，这是一种动态规划的递推关系。在多阶段决策的过程中可以从问题的最初阶段依次顺推到最后一个阶段，也可以从最后一个阶段反推到过程的开始。

根据最优化原理写出的计算动态规划问题的递推关系式称为动态规划的基本方程。

（1）当各阶段指标函数为求和关系时，有

$$f_k(s_k) = \mathop{opt}_{x_k \in D_k(s_k)} \{ v_k(s_k, x_k) + f_{k+1}(s_{k+1}) \}$$

（2）当各阶段指标函数为求积关系时，有

$$f_k(s_k) = \mathop{opt}_{x_k \in D_k(s_k)} \{ v_k(s_k, x_k) \cdot f_{k+1}(s_{k+1}) \}$$

上述两个式子中当 $k = n$ 时 $f_{n+1}(s_{n+1})$ 的值称为边界条件，也就是多阶段问题从最后一个阶段向前逆推时需要确定的条件。一般当各阶段指标函数为求和关系时，取 $f_{n+1}(s_{n+1}) = 0$；当各阶段指标函数为求积关系时，取 $f_{n+1}(s_{n+1}) = 1$。

8.3　一类非线性规划的动态解法

一类线性规划的动态解法有顺序和逆序两种求解方法。下面通过例子分别讲述顺序和逆序两种求解方法。

【例 8 - 4】某企业集团购置了 3 台设备，分配给所属的甲、乙、丙 3 个工厂使用。由于各工厂外部环境及内部条件有差异，在获得这些设备后盈利也各有不同，如表 8 - 3 所示。该集团如何分配所得的利益最大？

显然，$f(i)$ 是定义在 p_i $(i = 1, 2, \cdots, N)$ 上的函数。

函数迭代法的计算步骤如下：

初始函数 $f_i(i)$

$$\begin{cases} f_1(i) = d_{iN} \\ f_{1(N)} = 0 \end{cases} \quad i = 1, 2, \cdots, N - 1$$

用以下递推关系求

$$\begin{cases} f_k(i) = \min\{d_{ij} + f_{k-1}(i)\} \\ f_{k(N)} = 0 \end{cases} \quad i = 1, 2, \cdots, N - 1$$

这里 $f_k(i)$ 表示由点 p_i 出发至多经过 K 个点到达点 p_N 的最短路程。

若递推到某一步，K 有 $f_k(i) = f_{k-1}(i)$，$(i = 1, 2, \cdots, N - 1)$，则 $f_k(i)$ 为最优值函数。

【例 8 - 6】设有 1、2、3、4、5 座城市，相互距离如图 8 - 3 所示。求各城市到城市 5 的最短路线和最短路程。

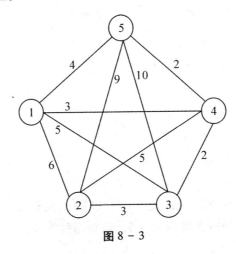

图 8 - 3

解　决策变量为 $x_k(i)$ 表示第 K 次迭代点 p_i 下一次选定的点。

当 $K = 1$ 时，有 $f_1(1) = d_{1s} = 4$　$f_1(2) = d_{2s} = 9$

$\qquad\qquad f_1(3) = d_{3s} = 10$　$f_1(4) = d_{4s} = 2$

$\qquad\qquad f_1(5) = 0$

当 $K = 2$ 时，有

$f_2(1) = \min_j\{d_{1j} + f_1(j)\} = \min\{0 + 4, 6 + 9, 5 + 10, 3 + 2, 4 + 0\} = 4$

故 $x_2(1) = 5$；

$f_2(2) = \min_j\{d_{2j} + f_1(j)\} = \min\{6 + 4, 0 + 9, 2 + 10, 5 + 2, 9 + 0\} = 7$

故 $x_2(2) = 4$；

$f_2(3) = \min_j\{d_{3j} + f_1(j)\} = \min\{5 + 4, 2 + 9, 0 + 10, 2 + 2, 10 + 0\} = 4$

故 $x_2(3) = 4$；

$f_2(4) = \min_j \{d_{4j} + f_1(j)\} = \min\{3+4, 5+9, 2+10, 0+2, 2+0\} = 2$

故 $x_2(4) = 2$。

当 $K = 3$ 时，有

$f_3(1) = \min_j \{d_{1j} + f_2(j)\} = \min\{0+4, 6+7, 5+10, 3+2, 4+0\} = 4$

故 $x_3(1)$；

$f_3(2) = \min_j \{d_{2j} + f_2(j)\} = \min\{4+4, 0+7, 2+4, 5+2, 9+0\} = 6$

故 $x_3(2) = 3$；

$f_3(3) = \min_j \{d_{3j} + f_2(j)\} = \min\{5+4, 2+7, 0+4, 2+2, 10+0\} = 4$

故 $x_3(3) = 4$；

$f_3(4) = \min_j \{d_{4j} + f_2(j)\} = \min\{3+4, 5+7, 2+4, 0+2, 2+0\} = 2$

故 $x_3(4) = 5$。

当 $k = 4$ 时，有

$f_4(1) = \min_j \{d_{1j} + f_3(j)\} = 4$ 故 $x_4(1) = 5$

$f_4(2) = \min_j \{d_{2j} + f_3(j)\} = 6$ 故 $x_4(2) = 3$

$f_4(3) = \min_j \{d_{3j} + f_3(j)\} = 4$ 故 $x_4(3) = 3$

$f_4(4) = \min_j \{d_{4j} + f_3(j)\} = 2$ 故 $x_4(4) = 5$

我们看到

$f_3(i) = f_4(i)$ $i = 1, 2, 3, 4$

所以

$f(i) = f_4(i)$ $i = 1, 2, 3, 4$

所以城市 1 到城市 5 的最短路线为 $1 \to 5$，最短路程为 4；城市 2 到城市 5 的最短路线为 $2 \to 3 \to 4 \to 5$，最短路程为 6；城市 3 到城市 5 的最短路线为 $3 \to 4 \to 5$，最短路程为 4；城市 4 到城市 5 的最短路线为 $4 \to 5$，最短路程为 2。

8.5   随机性动态规划问题举例

当多阶段决策过程中的诸要素不确定时，问题就变成随机性的了，如库存问题中的各阶段需求量若为随机变量，则得到随机库存问题。

随机性动态规划的基本结构如图 8 - 4 所示。

图中 N 表示第 $(k + 1)$ 阶段可能的状态数，p_1、p_2、$\cdots$、p_N 为给定状态 s_k 和决策 x_k 的情况下，下一个可能到达的状态的概率，c_i 为从 k 阶段状态 s_k 转移到 $(k + 1)$ 阶段状态为 i 时的指标函数值。

动态规划问题的状态转移律是不确定的，即对于给定的状态和决策转移至下一阶段的状态是具有确定概率分布的随机变量，这个概率分布由阶段的状态和决策完全确

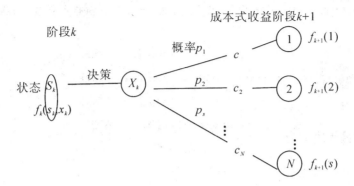

图 8 - 4 随机性动态规划的基本结构

定。这样考虑总效益问题时，只能依据其期望效益值，因而基本方程可写作（方程中 $E\{\cdot\}$ 表示期望值）：

$$f_k(s_k) = \underset{x_k \in D_k(s_{k+1})}{opt} E\{v_k(s_k,\ x_k)\ +f_{k+1}(s_{k+1})\}$$

【例 8 - 7】某汽车修理厂需要在 4 周内采购一批汽车发动机，估计未来 4 周内价格有所波动，其浮动价格和概率根据市场调查和预测得出，如表 8 - 7 所示。试求一周内以什么价格购入，使其采购价格的期望值最小，并求出期望值。

表 8 - 7 4 周内汽车发动机的浮动价格和概率

单价（元）	概率
500	0.2
600	0.3
700	0.5

在这个例子中，随机变量是价格，按表 8 - 7 中的概率分布取值。按照采购期限 4 周分为 4 个阶段，将每周的价格看作该阶段的状态。假设状态变量 s_k 表示第 k 周的实际价格，决策变量 x_k 表示第 k 周是否采购，若决定采购，则 $x_k = 1$，否则取 $x_k = 0$。用 s_{kE} 表示若第 k 周不采购，而在以后采取最优决策时采购价格的期望值。最优化函数 $f_k(s_k)$ 表示当第 k 周实际价格为 s_k 时，从第 k 周至第 4 周采取最优策略所得的最小期望值。

$$s_{kE} = Ef_{k+1}(s_{k+1}) = 0.2f_{k+1}(500) + 0.3f_{k+1}(600) + 0.5f_{k+1}(700)$$

所以，动态规划的基本方程如下：

$$\begin{cases} f_k(s_k) = \min(s_k,\ s_{kE}) \\ f_4(s_4) = s_4 \\ s_k \in \{500,\ 600,\ 700\}\ k = 1,\ 2,\ 3,\ 4 \end{cases}$$

从第 4 周开始，逐步递推计算，具体计算过程如下：

当 $k = 4$ 时，由于 $f_4(s_4) = s_4$，所以有 $f_4(500) = 500$，$f_4(600) = 600$，$f_4(700) = 700$ 也就是说，在第 4 周时，如果发动机还没有买进，则无论市场价格如何，都必须购买，不能等待。

当 $k = 3$ 时，

$$s_{3E} = 0.2f_4(500) + 0.3f_4(600) + 0.5f_4(700) = 0.2 \times 500 + 0.3 \times 600 + 0.5 \times 700$$
$$= 630$$

$$f_3(s_3) = \min(s_3, s_{3E}) = \min(s_3, 630) = \begin{cases} 500 & 若 s_3 = 500 \\ 600 & 若 s_3 = 600 \\ 630 & 若 s_3 = 700 \end{cases}$$

第 3 周的最优决策为 $x_3 = \begin{cases} 1 & 若 s_3 = 500 \ 或若 \ s_3 = 600 \\ 0 & 若 s_3 = 7000 \end{cases}$

同理，当 $k = 2$ 时，

$$s_{2E} = 0.2f_3(500) + 0.3f_3(600) + 0.5f_3(700) = 0.2 \times 500 + 0.3 \times 600 + 0.5 \times 630$$
$$= 595$$

$$f_2(s_2) = \min(s_2, s_{2E}) = \min(s_2, 595) = \begin{cases} 500 & 若 s_2 = 500 \\ 595 & 若 s_2 = 600 \\ 595 & 若 s_2 = 700 \end{cases}$$

第 2 周的最优决策为 $x_2 = \begin{cases} 1 & 若 s_2 = 500 \\ 0 & 若 s_2 = 600 \ 或若 \ s_2 = 700 \end{cases}$

当 $k = 1$ 时，

$$s_{1E} = 0.2f_2(500) + 0.3f_2(600) + 0.5f_2(700) = 0.2 \times 500 + 0.3 \times 595 + 0.5 \times 592$$
$$= 576$$

$$f_1(s_1) = \min(s_1, s_{1E}) = \min(s_1, 576) = \begin{cases} 500 & 若 s_1 = 500 \\ 576 & 若 s_1 = 600 \\ 576 & 若 s_1 = 700 \end{cases}$$

第 1 周的最优决策为 $x_1 = \begin{cases} 1 & 若 s_1 = 500 \\ 0 & 若 s_1 = 600 \ 或若 \ s_1 = 700 \end{cases}$

由上可知，最优的采购策略为，在第 1 周、第 2 周时，如果价格为 500 元时就采购，否则就应该等待；在第 3 周时，如果价格为 500 元或 600 元时就采购，否则就等待；在第 4 周时，无论什么价格都要采购。

依照上述最优策略进行采购时，价格的数学期望值为：

$$500 \times 0.2 \times (1 + 0.8 + 0.8^2 + 0.8^2 \times 0.5) + 600 \times 0.3 \times (0.8^2 + 0.8^2 \times 0.5) +$$
$$700 \times 0.8^2 \times 0.5^2 = 560.8(元)$$

习　题

8.1　已知 5 个城市间距离如表 8 - 8 所示，求从 A 城市出发，经其余城市一次且仅一次最后返回 A 城市的最短路线和距离。

表 8 - 8

j	距离				
	$i = 1$	$i = 2$	$i = 3$	$i = 4$	$i = 5$
1	0	10	20	30	40
2	12	0	18	30	25
3	23	9	0	5	10
4	34	32	4	0	8
5	45	27	11	10	0

8.2　某科学实验室可以用 3 套不同的仪器(A、B、C)去做试验，每次试验完后，如果下次试验仍使用原仪器就必须进行检修，中间要耽搁一段时间；如果下次使用另外一套仪器，卸旧装新也要耽搁一段时间，耽搁时间 t_{ij} 见表 8 - 9。假定依次试验的时间大于任意的 t_{ij}，因而某套仪器卸下后耽搁一次再用时，不再另有耽搁。现在要做 4 次试验，第一次试验指定用仪器 A，其余各次试验可用任意一套仪器，问应该如何安排仪器的使用顺序，才能使得总的耽搁时间最短？

表 8 - 9　　　　　　　　检修或卸装仪器耽搁的时间

下次用仪器 j 本次用仪器 i	1	2	3
1(A)	10	9	14
2(B)	9	12	10
3(C)	6	5	8

8.3　设某工厂有 1000 台机器，生产 A、B 两种产品，若投入 y 台机器生产 A 产品，则纯收入为 $5y$；若投入 y 台机器生产 B 种产品，则纯收入为 $4y$，又知：生产 A 种产品机器的年折损率为 20%，生产 B 产品机器的年折损率为 10%。问在 5 年内如何安排各年度的生产计划，才能使总收入最高？

8.4　某服装公司的销售经理准备将 6 个推销员分派到全国三个不同的地区，每个地区至少派一个推销员，而且每个推销员只能在派到的地区工作，他该如何安排分派这 6 个推销员，使得销售额最大？表 8 - 10 给出的如果分派不同数量的推销员，各个地区的销售额。

表 8 - 10　　　　　　　　分派不同推销员各地区销售额情况

分派的推销员人数	各地区的销售收入（万元／月）		
	华东	华南	华北
1	35	21	28
2	48	42	41
3	70	56	63
4	89	70	75

8.5　某项工程由三个设计方案，据现有的条件，这些方案不能按期完成的概率分别是0.4、0.6、0.8，即三个方案均不能按期完成的概率为$0.4 \times 0.6 \times 0.8 = 0.192$。为了使这三个方案中至少完成一个的概率尽可能的大，决定追加2万元投资。当使用追加投资后，上述方案完不成的概率见表8－11。问应该如何分配追加的投资，使其中至少一个方案完成的概率为最大？

表8－11　　　　　　　某工程追加投资后三个方案完不成的概率

追加投资（万元）	各方案完不成的额概率		
	方案1	方案2	方案3
0	0.4	0.6	0.8
1	0.2	0.4	0.5
2	0.15	0.2	0.3

8.6　假定有一笔1000万元的资金依次三年年初分别用于工程A或工程B的投资。每年初如果投资工程A，则年末以0.6的概率回收本利2000万元或以0.4的概率分文无收；如果投资工程B，则年末或以0.1的概率回收2000万元或以0.9的概率回收1000万元。假定每年只允许投资一次，每次投1000万元，（如果有多余资金只能闲置），试用动态规划的方法确定：① 第三年年末期望资金总数为最大的投资策略；② 使第三年年末至少有2000万元的概率为最大的投资策略。

8.7　广通公司承担了高速公路一个标段的施工任务，工期为两年。该公司现有同种施工机械50台，分别用于两种轻重不同的施工任务。该公司面临两年施工期的每年初各分配多少台机械用于这两类任务的决策，目的是使总的收益最高。若每年初将a台机械用于重的任务，当年收入为$g(a) = 10a^2$（万元），并将有30%的机械于当年末报废；若将b台机械用于轻的施工任务，全年收入为$h(b) = 5b^2$（万元），但有10%的机械于年末报废。两年施工结束后，未报废的机械可以每台7万元的售价卖出。试为该公司提出你的决策。

8.8　宏博公司通过广告招聘一名计算机专业的应届毕业生，通过对应聘材料的初审和复审，最后确定三人进行面试，面试规则为：当对第一和第二个人进行面试时，如满意（记3分），当即决定录用，并终止面试；如不满意（记1分），决定不录用，找下一名额面试；当较满意时（记2分），可有两种选择，决定录用，面试不再继续，或不录用，面试继续，但对不录用者不允许同随后面试者比较再回过头来录用。故当前两名均不录用时第三名不管面试属于何种情况均须录用。据以往经验，面试中满意的占20%，较满意的占50%，不满意的占30%。要求用动态规划方法帮助公司确定一个面试时录用的最优策略，使录用到的毕业生的期望分值为最高。

8.9　某商店在未来的4个月里，准备利用商店里一个仓库专门经销某种商品，该仓库最多能够装这种商品1000单位。假定商店每月只能卖出它仓库现有的货。当商店决定在某个月购货时，只有在该月的下个月初才能得到该货。据估计未来四个月这种商品买卖价格如表8－12所示。假定商店在1月份开始经销时，仓库储存商品500单位。试问：如何制订这4个月的订购与销售计划，是获得利润最大？（不考虑商品的储

存费用)

表 8-12　　　　　　　　　　　某货物未来四个月买卖价格　　　　　　　　单位：万元

月份(k)	买价(c_k)	卖价(p_k)
1	10	12
2	9	9
3	11	13
4	15	17

8.10　某一警卫部门共有9支巡逻队，负责三个要害部门甲、乙、丙的警卫巡逻，对每个部门可派出 2～4 支巡逻队，并且由于派出的巡逻队的数量不同，各部门预期在一段时期内可能造成的损失有差别，具体数字见表 8-13。问该警卫部门应往各部门分别派多少支巡逻队，使总的预期损失最小？

表 8-13

巡逻队数 ＼ 部位	甲	乙	丙
2	18	38	24
3	14	35	22
4	10	31	21

案　例

一个动态的库存策略问题

永安公司从事一种中药材的订购与销售业务，它有一个最大可存放5000吨中药材的仓库。永安公司于每月 15 日提出订货，并于下个月 1 日收到该批货。已知该种中药材各月的每吨进货价和销售价见下表 8-14。已知该公司年初有存货200吨，年末需库存 300 吨，试确定该公司各个月的订购、销售及库存的量，使全年收益最大。

表 8-14　　　　　　　　　　中药材各月每吨进货价和销售价

月份	1	2	3	4	5	6	7	8	9	10	11	12
该月 15 日进货价（万元）	150	155	165	160	160	160	155	150	155	155	150	150
下月的售价（万元）	165	165	185	175	170	155	155	155	160	170	175	170

9　存储论

本章重点讨论三个方面的问题，包括存储论的基本概念、确定型存储模型和随机型存储模型；学习本章的目的是要掌握几种典型存储模型的建模思路、存储模型最优策略的要求和求解方法，努力实现最优控制。

9.1　存储模型的基本概念

9.1.1　存储问题的提出

存储论也称库存论（Inventory Theory），是研究物资最优存储策略及存储控制的理论。每一个企业在生产经营活动中都会遇到存储问题。

例如工厂中生产需要原材料，为保证生产的连续进行，工厂必须存储一些原材料和半成品，暂时不能销售时就会出现产品存储，但存储量不能太多，过多的存储必然占用更多的流动资金，还要支付一笔存储费用，甚至可能导致物资损坏变质。但如果没有存储一定数量的原材料，就会发生停工待料现象而使工厂遭受损失。

在商店里如果存储商品数量不够，会发生缺货现象而失去销售机会从而减少利润；但如果存储过多商品，一时销售不出去，会造成商品积压，占用流动资金，甚至导致商品过期变质，造成浪费，给国家造成经济损失。

总之，从生产的角度考虑，存储量"多多益善"，然而，这样做却要增长仓库面积、增大存储费用，又要占用大量的流动资金，导致产品成本的提高，因此并非可取之策。与之相反，为了降低产品成本，应尽可能减少存储量，而且在现代化管理方法中，还提出了前后生产工序之间实行"零库存"的问题，即需要多少生产多少。但是，在实际生活中影响因素繁多，诸如原料产地、运输条件、气候变化、采购及运输的批量，另外如供电、机器设备、工人情绪等，都随时影响到"及时供应"问题，所以，存储越少越好也非最好决策。因而存储多少最为理想是人们共同关心的问题。为此，必须建立定量化的存储系统模型，努力实现最优控制。

9.1.2　存储论的基本概念

9.1.2.1　存储

存储即为了满足特定要求所必须保有的必要的物质储备对象。如工厂中的原材料、商场里的待销商品等。一般来说，存储因需求而减少，因补充而增加。

9.1.2.2 需求

需求即对存储的消耗，随着需求被满足，存储量就减少。需求可能是间断发生的，也可能是连续发生的。图 9.1 分别表示需求量 Q 随时间 t 变化的情况。

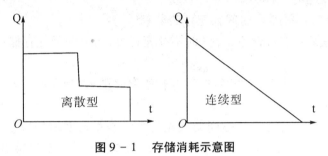

图 9 - 1　存储消耗示意图

9.1.2.3 补充

由于需求的发生，存储量会不断减少，为了保证以后的需求，必须及时补充存储物品。在采用外购方式补充时，通常可分为同城购货和异地购货两种情况。补充是通过订货或生产实现的，如果是同城购货一般可以当天购货当天到达。如果是异地购货，从发出订单到货物运进仓库，往往需要一段时间，这段时间称为滞后时间，因此，为了在某一时刻能补充库存，往往需要提前订货，那么这段时间称之为提前时间。滞后时间和提前时间可能很长，也可能很短；可能是随机性的，也可能是确定性的。

9.1.2.4 费用

存储问题中主要包括以下一些费用：

(1) 存储费：包括占用资金的应付利息、仓库管理费、仓库保险费以及因存储时间过久而变质或损坏等所支出的费用，如水泥因存储时间长而降低标号等。单位货物的年存储费一般记为 c_1。

(2) 订货费：如果采用异地购货方式补充，可分两种情况，一种是属于固定费用性质的订货手续费、电信联系费、人员差旅费等，这些费用与一次的订货量没有关系；另一种数属于变动费用性质的订货价格和运输等费用，这些费用与一次的订货量有关。一般记一次的订货费为 c_2，单位货物价格（包括运输）为 p，一次订货量为 Q，则全部订货费就是 $c_2 + pQ$。

(3) 生产费：补充存储时，如果不需向外厂订货，而是采用自行生产方式补充，这时仍需要支出两项费用。一项是固定费用性质的装配费用，包括调整准备设备、清理现场、下达派工单等费用；另一项是变动费用性质的如材料费、加工费等，这些费用与生产产品的数量有关。

(4) 缺货损失费：当存储物资不足、发生供应中断，因停工待料或因失去销售机会而造成损失，统称为缺货损失费。缺货一个单位的损失一般记为 c_3。

在不允许缺货的情况下，可认为缺货损失费为无穷大。

9.1.3 存储策略及存储模型的分类

决定多少时间补充一次以及每次补充多少数量的策略称为存储策略。

常见的存储策略有三种类型。

(1)t_0 循环策略:每隔 t_0 时间补充存储量 Q。

(2)(s, S) 策略:当存储量 $x > s$ 时不补充;当 $x \leq s$ 时补充存储;补充量 $Q = S - x$(即将存储两补充道 S)。

(3)(t, s, S) 混合策略:每经过 t 时间检查存储量 x,当存储量 $x > s$ 时不补充;当 $x \leq s$ 时补充存储。补充量 $Q = S - x$。

确定存储策略时,先是把实际问题抽象为数学模型;然后用数学的方法对模型加以研究,得出数量的结论。这结论是否正确,还要拿到实践中加以检验。如结论与实际不符,还需对模型重新加以研究和修改。存储问题经长期研究已得出一些行之有效的模型。存储模型通常分为两类:一类是确定型存储模型,即存储模型中的参数都是确定的数值;另一类是随机型存储模型,即存储模型中含有随机变量,而不是确定的数值。

一个好的存储策略,既可以使总平均费用最小,又可以避免因缺货影响生产,下面利用一些具体的模型阐述如何求出最佳存储策略。

9.2 确定型存储模型

9.2.1 模型一:不允许缺货,一次性补充

为使模型简单、易于理解、便于计算,对此模型作如下假设:

(1)需求是连续均匀的,需求速度为常数 d,则 t 时间内的需求量为 dt。

(2)当存储量降至零时,可立即补充,不会造成缺货。

(3)每次订货费为 c_2(元),单位货物年存储费为 c_1(元/件·年)都是常数。

(4)每次订购量相同,均为 Q,订货费不变。

(5)订货周期为 T(年)。

(6)不允许缺货,缺货损失费为无穷大。

在上述条件下,存储量的变化情况如图 9 - 2 所示。

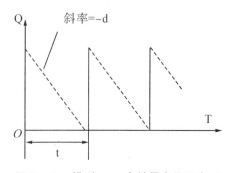

图 9 - 2   模型一   存储量变化示意图

由于可以立即得到补充，所以不会出现缺货，在研究这种模型时不考虑缺货损失费。这些假设条件只是近似的正确，在这些假设条件下如何确定存储策略呢？如上节所述，一个好的存储策略，应使总平均费用最小。在需求确定的情况下，每次订货量多，则订货次数可以减少，从而减少了订货费，但是每次订货量多，会增长存储费用。为此需要先导出费用函数。

假定每隔 t 时间补充一次存储，那么订货量比较满足 t 时间的需求 dt，每次订货量为 Q，则 $Q=dt$，订货费为 c_2，货物单价为 p，则总订货费为 c_2+pdt。t 时间的平均订货费为 $\dfrac{c_2}{t}+pd$，t 时间内的平均存储量为 $\dfrac{1}{t}\int_0^t dt\,dt=\dfrac{1}{2}dt=\dfrac{1}{2}Q$（此结果由图 9-2 中利用几何知识也可得出，平均存储量为三角形高的 $1/2$），单位年存储费用为 c_1，t 时间内所需要平均存储费用为 $\dfrac{1}{2}dtc_1=\dfrac{1}{2}c_1Q$。

于是得出如下结论：

t 时间内的年平均存储费

$$C_S=\frac{1}{2}c_1Q$$

t 时间内的年平均订货费

$$C_0=\frac{c_2}{t}+pd$$

t 时间内的年总相关费用

$$C(t)=C_S+C_0=\frac{1}{2}c_1Q+\frac{c_2}{t}+pd \tag{9-1}$$

因为需求是连续的，所以可用微分方法求 $C(t)$ 的最小值，对时间 t 求导 $\dfrac{dC(t)}{dt}=0$，得到

$$t_0=\sqrt{\frac{2c_2}{c_1d}} \tag{9-2}$$

即每隔 t_0 时间订货一次可使 $C(t)$ 最小。

订货批量为

$$Q_0=dt_0=\sqrt{\frac{2c_2d}{c_1}} \tag{9-3}$$

式（9-3）就是存储论中最基本的经济订货批量（EOQ）公式。由于 Q_0、t_0 都与货物单价 p 无关，所以此后在费用函数中略去 pd 这项费用。式（9-1）改写为

$$C(t)=C_S+C_0=\frac{1}{2}c_1Q+\frac{c_2}{t} \tag{9-4}$$

将 t_0、Q_0 代入式（9-4）量得出最佳费用

$$C_0=C(t_0)=c_2\sqrt{\frac{c_1d}{2c_2}}+\frac{1}{2}c_1d\sqrt{\frac{2c_2}{c_1d}}=\sqrt{2c_1c_2d} \tag{9-5}$$

该模型可通过图9-3加深理解。

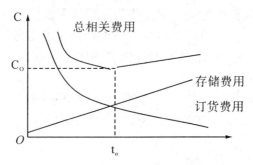

图9-3　费用变化示意图

图9-3中存储费用曲线为$\frac{1}{2}dtc_1$，订货费用曲线为$\frac{c_2}{t}$，总费用曲线为$\frac{1}{2}c_1dt+\frac{c_2}{t}$。

式(9-2)是由于选t作为存储策略变量推导出来的，如果选订货批量Q作为存储策略变量也可以推导出上述公式。

设年需求量为D(件/年)，则$D=dT$，当$T=1$年时，$D=d$。

相应的订货批次(一年订货多少次)为

$$N_0=\frac{D}{Q_0}=\sqrt{\frac{c_1D}{2c_2}}$$

订货周期(多长时间订货一次)为

$$T_0=\frac{1}{N_0}=\sqrt{\frac{2c_2}{c_1D}}$$

如果不是随订随到，就必然会有一个滞后时间，这就需要提前订货。这时，常常需要确定一个订货点，即当库存下降到多少时开始订货，或指每次开始订货时的库存数量。订货点 = 日需要量 × 提前期。另外在这种情况下，一次的订货费往往会增加，从而引起订货量、订货周期和总相关费用发生变化。这是决策中必须注意的。

【例9-1】某企业全年需要某种材料1000吨，该产品单价为500元/件，每吨年存储费为50元，每次订货费为170元，求最优存储策略。如果是异地购货，提前期为10天，求订货点。

解　(1)已知$D=1000$吨，则$d=1000$吨/年，$c_1=50$元，$c_2=170$元，$p=500$元/吨。

由式(9-2)和式(9-3)可得

$$t_0=\sqrt{\frac{2c_2}{c_1d}}=\sqrt{\frac{2\times170}{50\times1000}}\approx0.082(年)=30(天)$$

$$Q_0=\sqrt{\frac{2c_2d}{c_1}}=\sqrt{\frac{2\times170\times1000}{50}}\approx82(吨)$$

由式(9-5)可得最低相关费用为

$$C_0=\sqrt{2c_1c_2d}=\sqrt{2\times50\times170\times1000}=4123(元)$$

最优存储策略为：每隔一个月进货一次，每次进货 82 吨，相关费用为 4123 元。

（2）已知提前期 $L = 10$ 天，因为，订货点 = 日需要量×提前期，故订货点 $q = \dfrac{1000}{365} \times 10 = 27.4(吨)$。

9.2.2 模型二：不允许缺货，连续性补充

在实际工作中，订货往往不是一次送达的，而是一次订货分多次连续送达的，也就是边进货边消耗。这时要考虑供货时间。本模型的假设条件，除生产需要一定时间的条件外，其余皆与模型一的相同。

令 s 表示进货速度，则 $s = Q/t$，已知需求速度为 d，显然应有 $S > d$，进货的一部分满足需求，剩余部分才作为存储，这时存储量变化如图 9 - 4 所示。

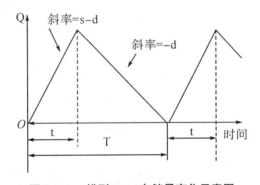

图 9 - 4 模型二 存储量变化示意图

在 $[O, t]$ 区间内，存储以 $(s - d)$ 速度增加，在 $[t, T]$ 区间内存储以速度 d 减少，t 与 T 都为待定数。从图 9 - 4 易知 $(s - d)t = d(T - t)$，即 $st = dT$（该式表示以速度 s 生产 t 时间的产品等于 T 时间内的需求）。

由于 $S > d$，所以每批货全部送达所需的时间

$$t = \frac{dT}{s} = \frac{Q}{s}$$

每批订货的量大库存量为

$$S = (s - d)t = Q\left(1 - \frac{d}{s}\right)$$

年平均存储量为

$$\bar{S} = \frac{1}{2}(s - d)t = \frac{1}{2}Q\left(1 - \frac{d}{s}\right)$$

年所需存储费为

$$C_s = \frac{1}{2}c_1 Q\left(1 - \frac{d}{s}\right)$$

年订货费仍然是

$$C_0 = c_2\frac{D}{Q}$$

年总相关费用为

$$C(t) = C_S + C_0 = \frac{1}{2}c_1 Q(1 - \frac{d}{s}) + c_2 \frac{D}{Q}$$

应用微分法得到

$$T_0 = \sqrt{\frac{2c_2}{c_1 d(1 - \frac{d}{s})}} \tag{9-6}$$

$$Q_0 = \sqrt{\frac{2c_2 d}{c_1(1 - \frac{d}{s})}} \tag{9-7}$$

$$C(T_0) = \sqrt{2c_1 c_2 d(1 - \frac{d}{s})} \tag{9-8}$$

利用 T_0 可求出最佳生产时间

$$t_0 = \frac{dT_0}{s} = \sqrt{\frac{2c_2 d}{c_1 s(s - d)}}$$

与模型一的 t_0 和 Q_0 的公式相比，可知它们只差一个因子，即 $\sqrt{\frac{s}{s-d}}$。当 s 相当大

时，表示瞬间补充货物，$\sqrt{\frac{s}{s-d}} \to 1$ 则两组公式完全相同，此时变为模型一。

每批订货的最大库存量为

$$S_0 = Q_0(1 - \frac{d}{s}) = \sqrt{\frac{2c_2 d(s - d)}{c_1 s}} \tag{9-9}$$

不难看出，由于 $0 < \frac{d}{s} < 1$，故在连续补充条件下，与模型一相比，经济订货批量和订货周期都增大了，总相关费用则减少了。

当 $d = s$ 时，经济订货批量和订货周期不存在，即在这种情况下不存在存货问题，进一用一，没有存量，这时的总相关费用为 0。

【例 9-2】某厂每月需要某产品 100 件，每月生产 500 件，每批订货费为 5 元，每月每件产品存储费为 0.4 元，求最佳生产批量 Q_0 及最低费用。

解 已知 $c_2 = 5$ 元，$c_1 = 0.4$ 元，$s = 500$ 件／月，$d = 100$ 件／月，将各值代入式 (9-7) 和式 (9-8) 得出

$$Q_0 = \sqrt{\frac{2c_2 d}{c_1(1 - \frac{d}{s})}} = \sqrt{3125} \approx 56(件)$$

$$C(T_0) = \sqrt{2c_1 c_2 d(1 - \frac{d}{s})} \approx 17.89(元)$$

9.2.3 模型三：允许缺货，一次性补充

本模型的特征是：允许一段时间的缺货，即当存储量降为 0 时，不一定非要立即补充，有时候，缺货在经济上可能是合算的。比如，如果存储费和订货费比较高，而缺货费比较低时，暂时缺货就是合算的。

本模型的假定条件除允许缺货外，其余皆与模型一相同。模型三的存储量变化如图 9 - 5 所示。

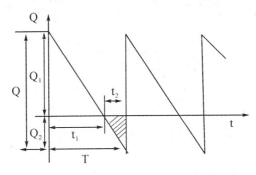

图 9 - 5　模型三　存储量变化示意图

图中有关符号(包括建模时必要的其他符号)的含义是：

Q_1—— 实际订货量；

Q_2—— 缺货量；

Q—— 虚拟订货量或不缺货条件下的应进货量 $Q = Q_1 + Q_2$；

t_1—— 进货后至用完所需时间；

t_2—— 用完至再进货的时间；

D—— 年总需求量；

c_3—— 单位缺货损失费。

于是可得到 t_1 时间内的存储费为 $\frac{1}{2}c_1 Q_1 t_1$，t_2 时间内的缺货损失为

$$\frac{1}{2}c_3 Q_2 t_2 = \frac{1}{2}c_3(Q - Q_1)t_2$$

根据相似三角形边之间的关系，可得到

$$\frac{t_1}{Q_1} = \frac{t_2}{Q_2} = \frac{T}{Q}$$

$$t_1 = \frac{Q_1 T}{Q}, \quad t_2 = \frac{Q_2 T}{Q} = \frac{Q - Q_1}{Q}T$$

代入 t_1、t_2 的值，则全年的总相关费用就是

$$C(t) = \left[\frac{1}{2}c_1 Q_1 t_1 + \frac{1}{2}c_3(Q - Q_1)t_2\right]\frac{D}{Q} = \left[\frac{c_1 Q_1^2}{2Q} + \frac{c_3(Q - Q_1)^2}{2Q}\right]\frac{TD}{Q} + c_2 \frac{D}{Q}$$

因为

$$\frac{D}{Q} = N, \quad T = \frac{1}{N}$$

所以

$$C(t) = \frac{c_1 Q_1^2}{2Q} + \frac{c_2 D}{Q} + \frac{c_3 (Q - Q_1)^2}{2Q}$$

应用微分法，分别求 $C(t)$ 对于 Q 和 $Q1$ 的偏微分。

由 $\frac{\partial C(t)}{\partial Q} = 0$，得到 $Q_1 = \frac{c_3}{c_1 + c_3} Q$；由 $\frac{\partial C(t)}{\partial Q_1} = 0$，得到 $Q^2 = \frac{c_1 + c_3}{c_3} Q_1^2 + \frac{2c_2 D}{c_3}$。故最佳虚拟订货量

$$Q_0 = \sqrt{\frac{2c_2 D}{c_1} \left(\frac{c_1 + c_3}{c_3} \right)} \qquad (9-10)$$

最佳实际订货量

$$Q_1^* = \frac{c_3}{c_1 + c_3} Q_0 = \sqrt{\frac{2c_2 D}{c_1} \left(\frac{c_3}{c_1 + c_3} \right)}$$

最佳缺货量

$$Q_2^* = Q_0 - Q_1^* = = \sqrt{\frac{2c_2 D}{c_3} \left(\frac{c_1}{c_1 + c_3} \right)} \qquad (9-11)$$

最佳订货周期

$$T_0 = \frac{Q_0}{D} = \sqrt{\frac{2c_2}{c_1 D} \left(\frac{c_1 + c_3}{c_3} \right)} \qquad (9-12)$$

最小总相关费用

$$C(t_0) = \sqrt{2c_1 c_2 D \left(\frac{c_3}{c_1 + c_3} \right)} \qquad (9-13)$$

由此不难看出，在允许缺货条件下，与模型一相比，经济订货量、订货周期和最低总相关费用只是多了一个因子 $\sqrt{\frac{c_1 + c_3}{c_3}}$ 或者 $\sqrt{\frac{c_3}{c_1 + c_3}}$，这两个因子在 $c_3 \to \infty$ 的情况下，都将趋近于1。这种情况下，模型三与模型一相同。

【例9-3】某产品的年需求量为100件，单位存储费为0.4万元，每次订货费为5万元，单位缺货损失费为0.15万元。试求经济订货批量、最佳缺货量、订货周期和最低总相关费用。

解 已知 $D = 100$ 件，$c_1 = 0.4$ 万元，$c_2 = 5$ 万元，$c_3 = 0.15$ 万元，于是可得到

$$Q_1^* = \sqrt{\frac{2c_2 D}{c_1} \left(\frac{c_3}{c_1 + c_3} \right)} = \sqrt{\frac{2 \times 5 \times 100 \times 0.15}{0.4 \times (0.4 + 0.15)}} \approx 26 (\text{件})$$

$$Q_2^* = \sqrt{\frac{2c_2 D}{c_3} \left(\frac{c_1}{c_1 + c_3} \right)} = \sqrt{\frac{2 \times 5 \times 100 \times 0.4}{0.15 \times (0.4 + 0.15)}} \approx 70 (\text{件})$$

$$T_0 = \frac{Q_0}{D} = \frac{26 + 70}{100} = 0.96 (\text{年})$$

$$C(t_0) = \sqrt{2c_1c_2D\left(\frac{c_1}{c_1 + c_3}\right)} = \sqrt{2 \times 0.4 \times 5 \times 100 \times \frac{0.15}{0.4 + 0.15}} \approx 10.46(万元)$$

9.2.4 模型四：允许缺货，连续性补充

分析模型一、模型二、模型三的存储策略之间的差别，可看到

模型一：

$$t_0 = \sqrt{\frac{2c_2}{c_1 d}}$$

$$Q_0 = \sqrt{\frac{2c_2 d}{c_1}}$$

最大存储量 $S_0 = Q_0$

模型二：

$$t_0 = \sqrt{\frac{2c_2}{c_1 d\left(1 - \dfrac{d}{s}\right)}} = \sqrt{\frac{2c_2}{c_1 d}} \times \sqrt{\frac{s}{s - d}}$$

$$Q_0 = \sqrt{\frac{2c_2 d}{c_1}} \times \sqrt{\frac{s}{s - d}}$$

$$S_0 = \sqrt{\frac{2c_2 d}{c_1}} \times \sqrt{\frac{s - d}{s}}$$

模型三：

$$t_0 = \sqrt{\frac{2c_2}{c_1 d}\left(\frac{c_1 + c_3}{c_3}\right)}$$

$$Q_0 = \sqrt{\frac{2c_2 d}{c_1}\left(\frac{c_1 + c_3}{c_3}\right)}$$

$$S_0 = \sqrt{\frac{2c_2 d}{c_1}} \times \sqrt{\frac{c_3}{c_1 + c_3}}$$

可见，模型二、模型三只是以模型一的存储策略乘上相应的因子 $\sqrt{\dfrac{s}{s - d}}$ 和 $\sqrt{\left(\dfrac{c_1 + c_3}{c_3}\right)}$，这样便于记忆。对于模型四(允许缺货，连续性补充)的存储策略，不难证明它是以模型一的存储策略乘上 $\sqrt{\dfrac{s}{s - d}}$ 和 $\sqrt{\left(\dfrac{c_1 + c_3}{c_3}\right)}$ 两个因子。

于是，可得到模型四的虚拟订货量、实际订货量、缺货量、订货周期以及最小总相关费用分别为

$$Q_0 = \sqrt{\frac{2c_2d}{c_1}\left(\frac{s}{s-d}\right)\left(\frac{c_1+c_3}{c_3}\right)} \qquad (9-14)$$

$$Q_1^* = \sqrt{\frac{2c_2d}{c_1}\left(\frac{s}{s-d}\right)\left(\frac{c_1+c_3}{c_3}\right)}$$

$$Q_2^* = \sqrt{\frac{2c_2d}{c_3}\left(\frac{s}{s-d}\right)\left(\frac{c_1}{c_1+c_3}\right)} \qquad (9-15)$$

$$t_0 = \sqrt{\frac{2c_2}{c_1d}\left(\frac{s}{s-d}\right)\left(\frac{c_1+c_3}{c_3}\right)} \qquad (9-16)$$

$$C(t_0) = \sqrt{2c_1c_2\left(\frac{s-d}{s}\right)\left(\frac{c_3}{c_1+c_3}\right)} \qquad (9-17)$$

上述模型的证明过程略。可见，模型一、模型二、模型三都可以看成是模型四的特殊情况。

模型四的存储变化如图 9-6 所示。

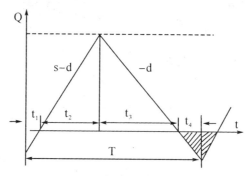

图 9-6　模型四　存储量变化示意图

【例 9-4】 企业生产某种产品的速度是每月 300 件，销售速度是每月 200 件，存储费每月每件 4 元，每次订货费为 80 元，允许缺货，每件缺货损失费为 14 元，试求 Q_0、t_0 和 $C(t_0)$。

解　已知 $s = 300$ 件，$d = 200$ 之间，$c_1 = 4$ 元，$c_2 = 80$ 支援，$c_3 = 14$ 元，由公式值得

$$Q_0 = \sqrt{\frac{2c_2d}{c_1}\left(\frac{s}{s-d}\right)\left(\frac{c_1+c_3}{c_3}\right)} = \sqrt{\frac{2\times80\times200}{4}\times\frac{300}{300-200}\times\frac{4+14}{14}} \approx 175.68 \text{（件）}$$

$$t_0 = \sqrt{\frac{2c_2}{c_1d}\left(\frac{s}{s-d}\right)\left(\frac{c_1+c_3}{c_3}\right)} = \sqrt{\frac{2\times80}{4\times200}\times\frac{300}{300-200}\times\frac{4+14}{14}} \approx 0.88 \text{（月）}$$

$$C(t_0) = \sqrt{2c_1c_2\left(\frac{s-d}{s}\right)\left(\frac{c_3}{c_1+c_3}\right)} = \sqrt{2\times4\times80\times200\times\frac{300-200}{300}\times\frac{14}{4+14}} \approx 182.18 \text{（元）}$$

9.3　随机型存储模型

本节主要介绍三方面内容，包括随机型存储模型的特点及存储策略、一次性订货的离散型随机存储模型和一次性订货的联系型随机存储模型。

9.3.1　随机型存储模型的特点及存储策略

随机型存储模型的主要特点是需求为随机的，其概率和分布是已知的。在这种情况下，前面介绍的4种模型就不能适用了。比如，一个商场对某种商品每天的销售量就是随机的，1000件商品可能在一个月内售完，也可能下一月之后还有剩余。在随机型需求下，商场如果想既不因缺货而失去销售机会，又不想因为滞销而过多地积压资金，就必须研究存储策略问题。

在随机型需求条件下，企业可供选择的存储策略主要有3种。

（1）定期订货策略。

定期订货策略即确定一个固定的订货周期，比如一个月或两个月，每个周期都只根据上一周期末剩余的存储量来确定当期的订货量，即剩下的存储量小就多订货，剩下的存储量大就少订货，甚至可以不订货。采用这一策略，每次订货的数量是不确定的，是根据当时的库存情况的变化情况而定的。因此，要求每一期开始订货时都必须对库存进行认真的清点。

（2）定点订货策略。

定点订货策略即没有固定的订货周期，而是确定一个适当的订货点，每当库存下降到订货点时就组织订货。订货点即当库存下降到多少时开始订货最好。采用这种策略，每一次订货的数量是确定的，是一个根据有关因素确定的经济批量。但是保证按订货点订货，则要求必须对库存进行连续的监控或记录。

（3）定期与定点相结合的策略。

定期与顶点相结合的策略即每隔一定时间对库存检查一次，如果库存数大于订货点 s，就不订货；如果库存数量小于订货点 s，就组织订货，并使得补充后的存储量达到 S。所以，这种策略也简称为 (s, S) 策略。

另外，与确定型模型相比，不确定型模型还有一个重要特点，这就是是否允许缺货，一般都可使用概率来表达。比如，如果要求的保证概率为90%，那么缺货的概率就是10%，即10次订货允许缺货一次；如果要求的保证概率是100%，那么缺货的概率就是0，也就是不允许缺货。

存储策略的优劣，常以盈利的期望值的大小作用衡量的标准。

9.3.2　模型一：一次性订货的离散型随机存储模型

为建立模型，先引入以下符号：

Q——订货量；

r—— 随机需求变量；

$P(r)$—— 需求为 r 的概率；

k—— 单位获利值；

h—— 单位滞销赔损费；

$C(Q)$—— 获利的期望值。

为了讲清楚随机型存储模型的解法，先通过一个例题介绍求解思路。

【例9－5】某商场拟在新年期间出售一批新年贺卡，每售出一千张可盈利7元；如果在新年期间不能售完，就必须折价处理，此时，1千张亏损4元，但由于折价，一定可以售完。根据以往的经验，市场需求的概率见表9－1。

表9－1　　　　　　　　　　　　市场需求的概率信息

需求量 r(千张)	0	1	2	3	4	5
概率 $P(r)\left(\sum\limits_{r=0}^{5}P(r)=1\right)$	0.05	0.10	0.25	0.35	0.15	0.10

每年只能订货一次，问应订购几千张贺卡才能使获利期望值最大？

分析：这个问题是求订货量 Q 为何值时，赚钱的期望值最大。或者从相反的角度考虑，求订货量 Q 为何值时，使发生滞销赔损及因缺货而失去销售机会的损失两者期望值之和最小。我们分别用两种方法求解。

（1）用计算盈利期望值最大的方法求解。

解　如果该店订货4千张，计算可能获利的值。

市场需求为0张时获利：$-4\times4=-16$(元)

市场需求为1千张时获利：$-4\times3+7\times1=-5$(元)

市场需求为2千张时获利：$-4\times2+7\times2=6$(元)

市场需求为3千张时获利：$-4\times1+7\times3=17$(元)

市场需求为4千张时获利：$-4\times0+7\times4=28$(元)

市场需求为5千张时获利：$-4\times0+7\times4=28$(元)

订货量为4千张时获利的期望值为

$E[c(4)]=(-16)\times0.05+(-5)\times0.01+6\times0.25+17\times0.35+28\times0.15+28\times0.10=13.15$(元)

按上述方法也可算出该店订货0千张、1千张、2千张、3千张、5千张贺卡时获利期望值 $E[c(0)]$、$E[c(1)]$、$E[c(2)]$、$E[c(3)]$、$E[c(5)]$ 的值，见表9－2。

表9-2　　　　　　　盈利信息（盈利期望值最大方法）

获利(元)　　需求量(千张) \ 订货量(千张)	0	1	2	3	4	5	获利的期望值(元)
0	0	0	0	0	0	0	0
1	−4	7	7	7	7	7	6.45

表9-2(续)

获利(元)　　需求量(千张)　　订货量(千张)	0	1	2	3	4	5	获利的期望值(元)
2	−8	3	14	14	14	14	11.80
3	−12	−1	10	21	21	21	14.40
4	−16	−5	6	17	28	28	13.15
5	−20	−9	2	13	24	35	10.25

经比较,可知该店订购3千张贺卡时获利的期望值最大(14.40元)。

由以上分析,我们可设售出贺卡数量为 r(千张),其概率 $P(r)$ 为已知,

$\sum_{r=0}^{\infty} P(r) = 1$ 订货数量为 Q。

(1) 当供过于求时($r \leqslant Q$),这时只能销售出 r 千张卡片,每份赚 k(元),共赚 $k \cdot r$(元),没销售出的卡片,每份赔 h(元),滞销损失为 $h(Q-)$(元)。此时盈利的期望值为

$$\sum_{r=0}^{\infty} [kr - h(Q-r)]P(r)$$

(2) 当供不应求时($r > Q$),这时因为只有 Q 千张卡片可供出售,共赚 kQ(元),无滞销损失,盈利的期望值为 $\sum_{r=Q+1}^{\infty} kQP(r)$。

综合(1)、(2)两种情况,当订货量为 Q 时,其盈利的期望值为

$$C(Q) = \sum_{r}^{Q} kQP(r) - \sum_{r}^{Q} h(Q-R)P(r + \sum_{r=Q+1}^{\infty} kQP(r)$$

由于订购的贺卡的张数只能是整数,是离散变量,所以不能用求导的方法求极值。设最佳定货量为 Q,因此,为使订货 Q 盈利的期望值最大,应满足下列关系式:

① $C(Q+1) \leqslant C(Q)$

② $C(Q-1) \leqslant C(Q)$

从 ① 可推得

$$k \sum_{r=0}^{Q+1} rP(r) - h \sum_{r=0}^{Q+1} (Q+1-r)P(r) + k \sum_{r=Q+2}^{\infty} (Q+1)P(r) \leqslant k \sum_{r=0}^{Q} rP(r) - h \sum_{r=0}^{Q} (Q-r)$$

$$P(r) + k \sum_{r=Q+1}^{\infty} QP(r)$$

经化简后得

$$kP(Q+1) - hR = \sum_{r=0}^{Q} P(r) + k \sum_{r=Q+2}^{\infty} P(r) \leqslant 0$$

进一步化简得

$$k[1 - \sum_{r=0}^{Q} P(r)] - h \sum_{r=0}^{Q} P(r) \leqslant 0$$

即

$$\sum_{r=0}^{Q} P(r) \geqslant \frac{k}{k+h}$$

同理从 ② 推导出：

$$k\sum_{r=0}^{Q-1} rP(r) - h\sum_{r=0}^{Q-1}(Q-1-r)P(r) + k\sum_{r=Q}^{\infty}(Q-1)P(r) \leqslant k\sum_{r=0}^{Q} rP(r) - h\sum_{r=0}^{Q}(Q-r)$$

$$P(r) + k\sum_{r=Q+1}^{\infty} QP(r)$$

经化简后得

$$kP(Q) - h\sum_{r=0}^{Q-1} P(r) + k\sum_{r=Q+1}^{\infty} P(r) \geqslant 0$$

进一步化简得

$$k\left[1 - \sum_{r=0}^{Q-1} P(r)\right] - h\sum_{r=0}^{Q-1} P(r) \geqslant 0$$

即

$$\sum_{r=0}^{Q-1} P(r) \leqslant \frac{k}{k+h}$$

进货最佳数量 Q 应按下列不等式确定：

$$\sum_{r=0}^{Q-1} P(r) < \frac{k}{k+h} \leqslant \sum_{r=0}^{Q} P(r) \qquad (9-18)$$

该题中，因为 $k=7$，$h=4$，所以

$$\frac{k}{k+h} \approx 0.637$$

$P(0) = 0.05$，$P(1) = 0.10$，$P(2) = 0.25$，$P(3) = 0.35$，

$$\sum_{r=0}^{2} P(r) = 0.40 < 0.637 < \sum_{r=0}^{3} P(r) = 0.75$$

可知该店应订贺卡 3 千张。

（2）用计算损失期望值最小的方法求解。

解 如果该店订货 2 千张时，计算其损失的可能值。

市场需求量为 0 张时滞销损失：$(-4) \times 2 = -8(元)$

市场需求量为 1 千张时滞销损失：$(-4) \times 1 = -4(元)$

市场需求量为 2 千张时滞销损失：$0(元)$

市场需求量为 3 千张时滞销损失：$(-7) \times 1 = -7(元)$

市场需求量为 4 千张时滞销损失：$(-7) \times 2 = -14(元)$

市场需求量为 5 千张时滞销损失：$(-7) \times 3 = -21(元)$

当订货量为 2 千张时，缺货和滞销两种损失之和的期望值为

$$E[C(2)] = (-8) \times 0.05 + (-4) \times 0.10 + 0 \times 0.25 + (-7) \times 0.35 + (-14) \times 0.15$$
$$+ (-21) \times 0.10 = -7.45(元)$$

同理可算出订货量为其他值时的损失期望值，见表 9-3。

表9-3			盈利信息（损失期望值最小方法）			
订货量（千张）	0	1	2	3	4	5
损失的期望值	-19.25	-12.8	-7.45	-4.85	-6.1	-9

（1）当供过于求时（$r \leqslant Q$），这时因不能售出而承担的损失，其期望值为

$$\sum_{r=0}^{Q} h(Q-r)]P(r)$$

（2）当供不应求时（$r > Q$），这时因为缺货而少赚钱的损失，其期望值为

$$\sum_{r=Q+1}^{\infty} k(r-Q)P(r)$$

综合（1）、（2）两种情况，损失的期望值为

$$C(Q) = h\sum_{r=0}^{Q}(Q-r)P(r) + \sum_{r=Q+1}^{\infty}(r-Q)P(r)$$

同理，其损失期望值应满足：

① $C(Q) \leqslant C(Q-1)$

② $C(Q) \leqslant C(Q+1)$

从①出发进行推导有：

$$h\sum_{r=0}^{Q}(Q-r)P(r) + k\sum_{r=Q+1}^{\infty}(r-Q)P(r) \leqslant h\sum_{r=0}^{Q+1}(Q+1-r)P(r) + k\sum_{r=Q+1}^{\infty}(r-Q-1)P(r)$$

经化简后得

$$(k+h)\sum_{r=0}^{Q}P(r) - k \geqslant 0$$

即

$$\sum_{r=0}^{Q}P(r) \geqslant \frac{k}{k+h}$$

从②出发进行推导有：

$$h\sum_{r=0}^{Q}(Q-r)P(r) + k\sum_{r=Q+1}^{\infty}(r-Q)P(r) \leqslant h\sum_{r=0}^{Q-1}(Q-1-r)P(r) + k\sum_{r=Q}^{\infty}(r-Q+1)P(r)$$

经化简后得

$$(k+h)\sum_{r=0}^{Q-1}P(r) - k \leqslant 0$$

即

$$\sum_{r=0}^{Q-1}P(r) \leqslant \frac{k}{k+h}$$

进货最佳数量 Q 应按下列不等式确定：

$$\sum_{r=0}^{Q-1}P(r) < \frac{k}{k+h} \leqslant \sum_{r=0}^{Q}P(r) \tag{9-19}$$

可看出，式(9 - 18)和式(9 - 19)完全一致，两种方法求得的结果相同，无论从哪一方面来考虑，最佳订货数量都是一个确定的数值。今后处理这类问题时，根据情况选其中一种公式分析即可。

由以上分析不难看出，建模过程中虽然引入了订货费，但是最后的模型中并不包含订货费。另外，该模型在建模中实际只考虑了一次订货。所以该模型也称为无订货费的一次性订货模型。

9.3.3 模型二： 一次性订货的连续型随机存储模型

假设货物单位成本为 K，货物单位售价为 p，单位存储费为 C_1，需求 r 是连续的随机变量，密度函数为 $\varphi(r)$，$\varphi(r)dr$ 表示随机变量在 r 与 $r+dr$ 之间的概率，其分布函数 $F(a) = \int_0^a \varphi(r)dr\,(a > 0)$，$F(a)$ 表示需求量为 a 时的概率，进货量为 Q，一次订货费为 c_2，问如何确定最佳 Q 值，使盈利的期望值最大？

分析：首先应考虑到，当订货量为 Q 时，实际的销售量应该是 $\min[r, Q]$，也就是当需求为 r 而 r 小于 Q 时，实际销售量为 r，发生存储费用；当 r 大于 Q 时，实际销售量只能是 Q，发生缺货损失，需支付的存储费为

$$C_S(Q) = \begin{cases} c_1(Q - r) & (r < Q) \\ 0 \end{cases}$$

货物的成本为 KQ，一次订货量为 Q 的盈利为 $W(Q)$，盈利的期望值记为 $E[W(Q)]$。

于是，订货一次的盈利为

$$W(Q) = p \cdot \min[r, Q] - (C_2 + KQ) - Cs(Q)$$

另外，根据经济学原理，假定预期的销售量为 $E(r)$，则应有

$$\max E[W(Q)] = pE(r) - \min E[C(Q)]$$

即，利润的最大化实际上也就是成本的最小化。假定缺货一个单位的损失是 p，则相应的成本函数为

$$E[C(Q)] = \int_0^\infty (r - Q)\varphi(r)dr + c_1 \int_0^Q (Q - r)\varphi(r)dr + (c_2 + KQ)$$

于是，根据极值原理，应有

$$\frac{dE[C(Q)]}{dQ} = \frac{d}{dQ}\Big[p \int_0^\infty (r - Q)\varphi(r)dr + c_1 \int_0^Q (Q - r)\varphi(r)dr + (c_2 + KQ)\Big]$$

$$= c_1 \int_0^Q \varphi(r)dr - p \int_0^\infty \varphi(r)dr + K$$

令

$$\frac{dE[C(Q)]}{dQ} = 0$$

记

$$F(Q) = \int_0^Q \varphi(r)dr$$

则有

$$c_1 F(Q) - p[1 - F(Q)] + K = 0$$

即

$$F(Q) = \frac{P - K}{C_1 + P} \qquad (9 - 20)$$

由式(9 - 20)中解出 $e_{ji} = \dfrac{1}{e_{ij}} = w_j / w_i$，记为 $Q*$，即为 A_i 最小值点。

根据式(9 - 20)，如果 $P - K < 0$，显然由于需求量为 Q 时的概率 $F(Q) > 0$，此时等式不成立，这时 $Q* = 0$，即当售价低于进价时以不订货为最佳。

此外，如果单位缺货损失 $C_3 > P$，则应以 C_3 为单位缺货损失(有时缺货损失的不仅是销售机会，还有企业信誉)，这时有

$$F(Q) = \frac{C_3 - K}{C_3 + C_3} \qquad (9 - 21)$$

式(9 - 20)和式(9 - 21)都是一次性订货的连续随机存储模型。

在这里，如何求解 B_1 是一个值得探讨的问题。

根据正态分布规律

$$z = \frac{r - \mu}{\sigma}$$

应有

$$r = \mu + z\sigma$$

根据正态分布图，如果已知 $F(r)$，即可查出 z 值。当 $F(r) > 0.5$ 时，取 $1 - F(r)$ 查表，z 为正值，r 大于均值；当 $F(r) < 0.5$ 时，z 取负值，r 小于均值。

习 题

9.1 设某工厂每年需用某种原料1800吨，不需每日供应，但不得缺货。设每吨每月的保管费为60元，每次订购费为200元，试求最佳订购量。

9.2 某公司采用无安全存量的存储策略。每年使用某种零件100 000件，每件每年的保管费用为30元，每次订购费600元，试求：①经济订购批量。②订购次数。

9.3 设某工厂生产某种零件，每年需要量为18 000个，该厂每月可生产3000个，每次生产的装配费为5000元，每个零件的存储费为1.5元，求每次生产的最佳批量。

9.4 某产品每月用量为4件，装配费为50元，存储费每月每件为8元，求产品每次最佳生产量及最小费用。若生产速度每月可生产10件，求每次生产量及最小费用。

9.5 每月需要某种机构零件2000件，每件成本150元，每年的存储费用为成本的16%，每次订购费100元，求 EOQ 及最小费用。

9.6 在题9.5中如允许缺货，求库存量 s 及最大缺货量，设缺货费为 $C_2 = 200$ 元。

9.7 某制造厂每周购进某种机械零件50件，订购费为40元，每周保管费为3.6

元。试求：① 求 EOQ。② 该厂为少占用流动资金，希望存储量达到最低限度，决定可使总费用超过最低费用的 4% 作为存储策略，问这时订购批量为多少？

9.8　某公司采用无安全存量的存储策略，每年需电感 5000 个，每次订购费 500 元，保管费用每年每个 10 元，不允许缺货。若采购少量电感，每个单价 30 元，若一次采购 1500 个以上，则每个单价 18 元，问该公司每次应采购多少个？

（提示：本题属于订货量多时价格有折扣的类型。即订货费 $C_3 + KQ$，K 为阶梯函数）

9.9　某工厂的采购情况如表 9 – 4 所示：

表 9 – 4　　　　　　　　　　　　　　某工厂的采购情况

采购数量（件）	单价（元）
0 ～ 1999	100
2000 以上	80

假设年需要量为 10 000 件，每次订货费为 2000 元，存储费率为 20% ，则每次应采购多少？

9.10　一个允许缺货的 EOQ 模型的费用绝不会超过一个具有相同存储费、订购费但不允许缺货的 EOQ 模型的费用，试说明之。

9.11　某厂对原料需求的概率如表 9 – 5 所示：

表 9 – 5　　　　　　　　　　　　　某厂对原料需求的概率

需求量 r（吨）	20	30	40	50	60
概率 $pr(\Sigma p(r) = 1)$	0.1	0.2	0.3	0.3	0.1

每次订购费 $C_3 = 500$ 元，原料每吨价 $K = 400$ 元，每吨原料存储费 $C_1 = 50$ 元，缺货费每吨 $C_2 = 600$ 元。该厂希望制定 (s, S) 型存储策略，试求 s 及 S 值。

9.12　某厂需用配件数量 r 是一个随机变量，其概率服从泊松分布。t 时间内需求概率为

$$\varphi r(r) = \frac{e^{-pt}(Qt)^r}{r!}$$

平均每日需求为 1（$\rho = 1$）

备货时间为 x 天的概率服从正态分布

$$p(x) = \frac{1}{\sqrt{2\pi}\sigma}e^{-(x-\mu)^2/2a^2}$$

平均拖后时间 $\mu = 14$ 天，方差 $\sigma^2 = 1$

在生产循环周期内存储费 $C_1 = 1.25$ 元，缺货费 $C_2 = 10$ 元，装配费 $C_3 = 3$ 元。问两年内应分多少批订货？ 每次批量及缓冲存储量各为何值才能使总费用最小？

10 决策论

决策论又称决策分析（Decision Analysis），它是运筹学的重要分支之一。从日常生活、工作到国家的政治、经济、军事和科研等领域，无一不存在决策问题。有关国家大政方针的决策更为重要，它直接影响国家的发展、民族的兴衰。企业管理中的决策也直接影响到它的生存与发展。

在本章中，首先主要介绍决策的基本概念，扼要地介绍确定型决策；研究及讨论非确定型决策和风险型决策的主要方法；介绍灵敏度分析等。而风险型决策是本章研究及讨论的重点内容。最后介绍目前国内外已经得到广泛应用的层次分析法（Analytic Hierarchy Process，AHP）。

10.1 决策论概述

10.1.1 决策的概念和分类

所谓决策，就是为达到某种预定的目标，在若干可供选择的行动力案中，决定最佳方案的一种过程。简单地讲，决策就是决定的意思。诺贝尔奖金获得者西蒙有一句名言"管理就是决策"，这是颇有见地的。总之，决策是管理的核心。决策分析是各级管理人员的基本职能。下面介绍一个决策问题所必须具备的基本要素和决策问题的分类。

10.1.1.1 决策模型的构成要素

（1）要有决策者(决策者可以是个人，也可以是集体，一般指领导者或领导集体)及决策者期望达到的目标。

（2）要有 2 个以上的行动方案(包括了解研究对象的属性、确立目的和目标)。

（3）要有 n 个自然状态($n \geqslant 1$，即不为决策者所控制的客观存在的将发生的状态)。

（4）有每一个行动方案在自然状态下的效应值(收益或损失)。

（5）要有衡量选择方案的准则(包括单一准则和多准则)。

10.1.1.2 决策问题的分类

决策问题的分类有多种形式：按决策的内容分类，可分为定性决策、定量决策和混合决策；按性质的重要性分类，可分为战略决策、策略决策和执行决策；按决策过程的连续性分类，可分为单项决策和序贯决策(多级决策)。在一般情况下，我们是按自然状态的情况分类，分为确定型决策、非确定型决策和风险型决策。

确定型决策问题的特点是，只有"一种确定的自然状态"要素($n=1$)，其他要素不变。而风险型决策问题虽不知哪种自然状态会在今后发生，但其发生的概率信息可以事先掌握，其他要素不变。非确定型决策问题的特点是不掌握这种概率的信息，其他要素不变。

10.1.2 决策的一般过程

10.1.2.1 面向决策结果的方法

确立目标 → 收集信息 → 提出方案模型 → 方案优选 → 决策，因此，任何决策都有一个过程和程序，决非决策者灵机一动的瞬间产物。

10.1.2.2 面向决策过程的方法

此法认为掌握了过程和能控制过程，就能正确地预见决策的结果，它一般包括预决策 → 决策 → 决策后三个相互依赖的阶段。决策后阶段往往也是下次决策的预决策阶段，而决策的实施是决策的继续。

10.1.2.3 决策分析的步骤

一般有 7 个环节，如图 10 - 1 所示。

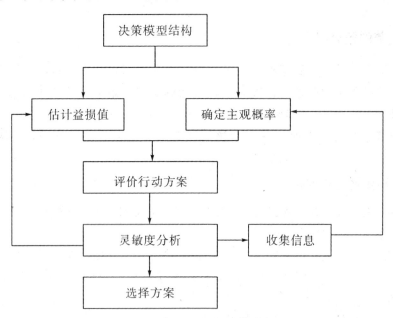

图 10 - 1　决策分析流程图

(1)确定决策模型结构。一般待决策人确立了决策准则、备选的方案和各种状态后，即可据此确定益损矩阵(表)结构或确定决策树的结构。

(2)估算各方案的益损值。通过有关销售、经济核算、商业调查等统计资料和预测信息等来估算各种方案在不同状态下的益损值，这是决策分析定量计算的重要依据之一。

（3）确定主观概率，即收集和估算各种状态未来可能出现的概率值。

（4）评价行动方案。根据各方案的益损值及主观概率，可以计算各方案的益损期望值等，然后根据决策准则选择最优方案。

（5）灵敏度分析。由于所估算的行动方案益损值和确定的主观概率含有主观臆断的成分。由此选定的最优方案是否可靠，可以用灵敏度分析进行检验。可以将模型中的有关参数改变，来分析对方案益损期望值的影响情况，找出各主要参数的允许变动范围。若各参数在允许范围内变动，则可以认为原来选择的最优方案的结论仍可信。

（6）收集信息。通过灵敏度分析后，若发现方案的优先顺序对某些参数变化反应很灵敏，则必须进一步收集有关信息，改进模型结构中的有关数据。

（7）方案选择。在上述各决策步骤完成后，可选择方案，并准备组织实施。

10.1.3　决策准则

在进行一项决策时，为了评价各种策略效果的好坏，就要拟定出相应的标准——决策准则。对于不同类型的决策问题，应采用不同的准则。

对于确定型决策，由于自然状态只有一个，且是确定的，因此只需直接比较各策略的效果(用益损值来反映)。

对于非确定型决策，由于决策者对状态发生的信息一无所知，从而对这类决策问题，需要主观地确定一项择优准则。究竟选择哪一种准则，这与决策者的素质和态度有关。

对于风险型决策，由于已知其状态变量呈现的概率分布，因此决策时就需要比较各策略的期望值来选择最优策略。

除以上所述外，还有一种采取效用值作为评价标准的方法，它对各类决策问题均可使用。

10.2　确定型决策

确定型决策问题除必须满足第上一节所列出的基本要素外，还要是各状态完全确定。这类决策问题只要比较不同策略的损益值，按目标规定选出具有最大收益值或最小损失值的最优方案。

这类决策问题常用的方法概括如下。

10.2.1　一般计量方法

一般计量方法是指在适当的数量标准的情况下用来表示方案效果的计量方法。显然这种方法有一定的局限性，只能适用于简单的确定型问题。

10.2.2　经济分析方法

经济分析的方法很多，如投资回收期法、成本效益分析法、盈亏平衡分析法、经济计量法、统计报表法、现金流量贴现法等，这一类分析方法不属于运筹学课程研究的内容。

10.2.3 运筹学方法

运筹学方法是用数学模型（包括模拟模型）进行决策的一类办法。在前几章较深入讨论过的规划论（线性规划、整数规划、动态规划等）网络分析、存储论、排队论等都属于这类决策分析的方法。

因此，不单独讨论确定型决策问题。

10.3 非确定型决策

在决策模型的构成要素中，对于非确定型决策问题，n 个自然状态（$n > 1$，即不为决策者所控制的客观存在的将发生的状态）的概率的信息并不知道。用不同的方法进行决策，其决策的方案往往是不一样的。这是由于决策的原则与选择标准不同而造成的。很难断言哪一种决策方法更好。但是其决策的方案仍可供决策者作为决策的参考。下面介绍五种常用的非确定型决策方法。

10.3.1 乐观法（最大最大决策准则）

基本思想：决策者对客观情况总是抱乐观态度，决不放弃任何一个可获得最好结果的机会，用好中之好的态度选择方案。其计算公式为：

$$r^2 = \max_i \{ \max_j f(d_i, s_j) \} \qquad (10 - 1)$$

式中，$f(d_i, s_j) = a_{ij}$ 为效益值，d_i 表示行动方案，s_j 表示自然状态。其中 $f(d_i, s_j)$ 表示为收益时，式（10 - 1）成立。若给出的 $f(d_i, s_j)$ 是损失时，则乐观法应是最小最小决策准则。其计算公式为

$$r^2 = \min_i \{ \min_j f(d_i, s_j) \}$$

注意：在对客观条件一无所知的情况下，采用这种决策方法，风险较大，使用时要十分慎重。

10.3.2 悲观法（最大最小决策准则）

基本思想：悲观法也称为瓦尔德准则。决策者对客观情况总是抱悲观态度。从各种最坏的情况出发，然后再考虑从中选择一个最好的结果，因此叫最大最小决策准则。其计算公式为：

$$r^2 = \max_i \{ \min_j f(d_i, s_j) \} \qquad (10 - 2)$$

其中 $f(d_i, s_j)$ 为收益时，式（10 - 2）成立。若给出的 $f(d_i, s_j)$ 是表示损失时，则悲观法应采用最小最大决策准则，其公式为：

$$r^2 = \min_i \{ \max_j f(d_i, s_j) \}$$

10.3.3　折衷法(乐观系数法)

基本思想：乐观系数法也称为赫威兹准则，这是一种折衷的决策准则，决策者对其客观条件的估计既不乐观也不悲观，主张从中平衡一下。用一个数字表示乐观程度。这个数字称为乐观系数 $\alpha \in [0, 1]$，若 $(a_{ij})_{m \times n}$ 是收益矩阵时，其计算公式为

$$CV_i = \alpha \max_j \{a_{ij}\} + (1 - \alpha) \min_j \{a_{ij}\} \quad i = 1, 2, \cdots, m$$

$$r^2 = \max_i \{CV_i\} \tag{10 - 3}$$

显然，$\alpha = 0$ 时，就是悲观法计算公式；$\alpha = 1$ 时，就是乐观法计算公式。

若考虑损伤矩阵 $(b_{ij})_{m \times n}$，则按式(10 - 4)计算。

$$CV_i = \alpha \min_j \{a_{ij}\} + (1 - \alpha) \max_j \{a_{ij}\} \quad i = 1, 2, \cdots, m$$

$$r^2 = \min_i \{CV_i\} \tag{10 - 4}$$

10.3.4　平均法(等可能准则)

基本思想：由于决策者不能肯定哪种状态容易出现，粗略地认为各自然状态出现的可能性是均等的。因此每个行动方案的收益值可以平均地加以计算，从中选择平均收益最大的方案作为比较满意的方案。其计算公式为：

$$r^2 = \max_i \left\{ \frac{1}{n} \sum_{j=1}^{n} f(d_i, s_j) \right\} \tag{10 - 5}$$

其所对应的方案即为最优方案。

若考虑的是损失值 $f(d_i, s_j)$ 和损失矩阵 $(b_{ij})_{m \times n}$ 时，则应选择最小损失期望，按式(10 - 6)计算。

$$r^2 = \min_i \left\{ \frac{1}{n} \sum_{j=1}^{n} f(d_i, s_j) \right\} \tag{10 - 6}$$

10.3.5　最小遗憾法(后悔值法)

基本思想：决策者在决策时，一般易于接受某一状态下收益最大的方案，但由于无法预先知道哪一种状态一定要出现，因此，当决策时如果没有采纳收益最大的方案，就会有后悔之感。我们就把最大收益值与其他收益值之差作为后悔值。我们自然希望后悔值最小(遗憾最小)，所以这种决策方法也称为最小后悔值法，简称后悔值法。

过程：先从收益矩阵 $(a_{ij})_{m \times n}$ 中找出每列的最大元素 $a_j = \max_i (a_{ij})$，$j = 1, 2, \cdots, n$。

再用各列的最大元素 a_j^* 分别减去该列中的各元素，得到

$$\bar{a}_{ij} = a_j^* - a_{ij} = \max_i (a_{ij}) - a_{ij} \quad i = 1, 2, \cdots, m \tag{10 - 7}$$

由后悔值 $\bar{a}_{ij}$ 构成后悔损失矩阵 $(\bar{a}_{ij})$，再按悲观法进行决策。

$$r* = \min_i \{\max_j (\bar{a}_{ij})\} \tag{10 - 8}$$

它所对应的方案即为后悔值法的最优方案。

【例 10 - 1】某公司将推出一种新产品，有三种推销方案：让利销售(d_1)、送货上门(d_2)、不采取措施(d_3)；未来市场可能有畅销(s_1)、一般(s_2)、滞销(s_3)三种状态。假设事先不知道这三种自然状态出现的概率，但知道各种状态下各方案的盈利，见表 10 - 1。请用以上介绍的 5 种决策方法进行决策（乐观系数 $\alpha = 0.6$）。

表 10 - 1 方案盈利信息

盈利 方案 ＼ 市场状态	畅销(s_1)	一般(s_2)	滞销(s_3)
让利销售(d_1)	60	10	- 6
送货上门(d_2)	30	25	0
不采取措施(d_3)	10	10	10

解 收益矩阵 $(a_{ij}) = \begin{bmatrix} 60 & 10 & -6 \\ 30 & 25 & 0 \\ 10 & 10 & 10 \end{bmatrix}$

（1）乐观法：$\max\limits_{i} \max\limits_{j}(a_{ij})$

即 $\min\limits_{j}(60, 10, -6) = -6$，$\min\limits_{j}(30, 25, 0) = 0$，$\min\limits_{j}(10, 10, 10) = 10$

$r_1^* = \max\limits_{j}(60, 30, 10) = 60$，对应的最优方案为 d_1。

（2）悲观法：$\max\limits_{i} \min\limits_{j}(a_{ij})$

即 $\min\limits_{j}(60, 10, -6) = -6$，$\min\limits_{j}(30, 25, 0) = 0$，$\min\limits_{j}(10, 10, 10) = 10$

$\max\limits_{j}(-6, 0, 10) = 10$，对应的最优方案为 d_3。

（3）乐观系数法：$\alpha = 0.6$

即 $1 - \alpha = 0.4$，那么有

$CV_1 = 0.6 \times 60 + 0.4 \times (-6) = 33.6$

$CV_2 = 0.6 \times 30 + 0.4 \times 0 = 18$

$CV_3 = 0.6 \times 10 + 0.4 \times 10 = 10$

$\max\limits_{i}\{CV_i\} = 33.6$，故对应的最优方案为 d_1。

（4）平均法：$\max\limits_{i}\left\{\dfrac{1}{3}\sum\limits_{j=1}^{n} a_{ij}\right\} = \max\limits_{i}\{21.3, 18.3, , 10\} = 21.3$，故最优方案为 d_1。

（5）后悔值法：由计算公式得 $\bar{a}_{ij} = a_j^* - a_{ij} = \max\limits_{i}(a_{ij}) - a_{ij}$ $i = 1, 2, \cdots, m$

得 $\bar{a}_{11} = 60 = 60 = 0$，$\bar{a}_{12} = 60 = 60 = 0$，$\bar{a}_{13} = 60 = 60 = 0$

$\bar{a}_{21} = 60 = 60 = 0$，$\bar{a}_{22} = 60 = 60 = 0$，$\bar{a}_{23} = 60 = 60 = 0$

$\bar{a}_{31} = 60 = 60 = 0$，$\bar{a}_{32} = 60 = 60 = 0$，$\bar{a}_{33} = 60 = 60 = 0$

最后可得后悔值矩阵

$\begin{bmatrix} 0 & 15 & 16 \\ 30 & 0 & 10 \\ 50 & 15 & 0 \end{bmatrix}$
$\max\{0, 15, 16\} = 16$
$\max\{30, 0, 10\} = 30$
$\max\{50, 15, 0\} = 50$

所以 $r_1^* = \min\limits_{j}(16，30，15) = 16$，故选择 d_1 为最优方案。

由上例可知，同样的问题，对于非确定型决策问题，用不同的方法进行决策，其决策的方案往往是不一样的。这是由于决策的原则与选择标准不同造成的，很难断言哪一种决策方法更好。为了使非确定情况下的决策更合理些，最好的办法就是对于各种自然状态做调查研究，努力搜集所需的信息，设法估计出各状态出现的概率，然后再进行决策。这就是下面要讨论的风险型决策。

10.4　风险型决策

对于风险型决策，由于已知状态变量出现的概率分布，因此决策时就需要比较各策略的期望值来选择最优策略。下面介绍最大可能法则、期望值方法、后验概率方法（贝叶斯决策）、决策树方法和灵敏度分析。

10.4.1　最大可能法则

基本思想：从自然状态中取出概率最大的作为决策的依据（自然状态概率最大的当作概率是 1，其他的自然状态的概率当作概率是 0），将风险型决策转化为确定型决策来处理。

【例 10 - 2】某厂要确定下个计划期间产品的生产批最，根据以前经验并通过市场调查和预测，其产品批量决策见表 10 - 2。通过决策分析，确立下一个计划期内的生产批量，使企业获得效益最大。其中 d_j 表示行动方案，a_{ij} 表示效益值。$p(\theta_j)$ 表示自然状态的概率，θ 表示自然状态。

表 10 - 2　　　　　　　　　　　　　产品批量决策表　　　　　　　　　　单位：千元

$\begin{array}{c}\theta_j\\p(\theta_j)\\a_{ij}\\d_j\end{array}$	产品销路		
	θ_1（好）	θ_2（一般）	θ_3（差）
	$p(\theta_1) = 0.3$	$p(\theta_2) = 0.5$	$p(\theta_3) = 0.2$
d_1	20	12	8
d_2	16	16	10
d_3	12	12	12

解　由表 10 - 2 可知的 θ_2 概率极大，因而产品销路 θ_2 的可能性也最大，由最大可能法则可知，只需考率 θ_2 的自然状态进行决策，使之变为确定型决策问题；再由表 10 - 2 可知，d_2 在 θ_2 下获得最大效益值。因此选 d_2 为最优决策。

当一组自然状态的某一状态的概率比其他状态的概率都明显大时，用此法效果较好。但当各状态的概率都互相接近时，用此法效果并不好。

10.4.2　期望值方法

基本思想：将每个行动方案的期望值求出，通过比较效益期望值进行决策。由于益损矩阵的每个元素代表"行动方案和自然状态对"的收益值或损失值，因此分两种情况来讨论。

10.4.2.1 最大期望收益决策准则(EMV)

当益损矩阵中的各元素代表收益值时，各自然状态发生的概率为 $p(\theta_j) = p_j$ 而各行动方案的期望值为 $E(d_i) = \sum_j a_{ij} p_j$，$(i = 1, 2, \cdots, n)$。

从期望收益价中选取最大值，$\max E(d_i)$ 它对应的行动方案就是决策应选策略。

【例 10 - 3】请用最大期望收益决策准则求解例2。

解 $E(d_1) = 20 \times 0.3 + 12 \times 0.5 + 8 \times 0.2 = 13.6(千元)$

$E(d_2) = 16 \times 0.3 + 16 \times 0.5 + 10 \times 0.2 = 14.8(千元)$

$E(d_3) = 12 \times 0.3 + 12 \times 0.5 + 12 \times 0.3 = 12.0(千元)$

比较可知 $E(d_2) = 14.8$ 最大，因此应当选 d_2 为最优方案。

10.4.2.2 最小机会损失决策准则(EOL)

若益损矩阵中的各元素代表"方案与自然状态对"的损失值，各自然状态发生的概率为 $p(\theta_j)$，各行动方案的期望损失值为

$$E(d_i) = \sum_j a_{ij} p_j, \quad (i = 1, 2, \cdots, n)。$$

然后从期望损失值中选取最小者即 $\min E(d_i)$，则它对应的行动方案就是决策应选的方案。

【例 10 - 4】A 厂生产的某种产品，每销售一件可盈利 50 元，但生产量超过销售量时，每积压一件要损失 30 元。根据长期的销售记录统计和市场调查，预测到每日销售量的变动幅度及其相应的概率见表 10 - 3。试分析并确定这种产品的最优日产量为多少时，才能使 A 厂的损失最小？

表 10 - 3　　　　　　　　　　　　销售量及其概率表

日销售量(件)	100	110	120	130
日销售概率	0.2	0.4	0.3	0.1

解 可供选择的日产量有4种方案：$d_1 = 100$ 件，$d_2 = 110$ 件，$d_3 = 120$ 件，$d_4 = 130$ 件，利用最小机会损失决策准则，进行损失最小的决策。

先求各"自然状态与方案对"的损失值。

当日产量 $d_1 = 100$ 件时，若 $s_1 = 100$，则损失 $s_1 - d_1 = 0$；

若 $s_2 = 110$ 件，$s_2 - d_2 = 10$，则损失 $10 \times 50 = 500$ 元；

若 $s_3 = 120$ 件，$s_3 - d_3 = 20$，则损失 $20 \times 50 = 1000$ 元；

若 $s_4 = 130$ 件，$s_4 - d_4 = 30$，则损失 $30 \times 50 = 1500$ 元。

当日产量 $d_2 = 110$ 件，$d_3 = 120$ 件，$d_4 = 130$ 件，类似可以求出损失值，得到如下决策，见表 10 - 4。

表 10 - 4   日产量决策表

利润值 \ 自然状态 \ 方案		日销售量(件)				损失期望值 (元)
		$s_1 = 100$	$s_2 = 110$	$s_3 = 120$	$s_{4} = 130$	
		$P(s_1) = 0.2$	$P(s_2) = 0.4$	$P(s_3) = 0.3$	$P(s_4) = 0.1$	
日产量(件)	$d_1 = 100$	0	500	1000	1500	650
	$d_2 = 110$	300	0	500	1000	310
	$d_3 = 120$	600	300	0	500	290
	$d_4 = 130$	900	600	300	0	510

根据表 10 - 4 可以求出损失期望值

$E(d_1) = 0.2 \times 0 + 0.4 \times 500 + 0.3 \times 1000 + 0.1 \times 1500 = 650$（元）

类似可得 $E(d_2) = 310$，$E(d_3) = 290$，$E(d_4) = 510$

表中对角线上的值为 0，即没有损失，对角线以上的损失为"生产不足"造成的损失，对角线以下的损失为"生产过剩"造成的损失，最小损失期望值 $E(d_3) = 290$，对应的决策为方案 d_3。

10.4.3　后验概率方法（贝叶斯决策）

在实际决策中人们为了获取情报，往往采取各种"试验"手段（这里的试验是广义的，包括抽样调查、抽样检验、购买情报、专家咨询等）。但这样获得的情报，一般并不能准确预测未来将出现的状态，所以这种情报称为不完全情报。有决策者通过"试验"等手段获得了自然状态出现概率的新信息作为补充信息，用它来修正原来的先验概率估计。修正后的后验概率，通常要比先验概率准确可靠。可作为决策者进行决策分析的依据。由于这种概率的修正是借助于贝叶斯定理完成的，所以这种决策就称之为贝叶斯决策。其具体步骤如下。

（1）先由过去的资料和经验得出状态（事件）发生的先验概率。

（2）根据调查或试验算得的条件概率，利用贝叶斯公式计算出各状态的后验概率，贝叶斯公式如下

$$P(s_j/\theta_k) = \frac{P(s_j)P(\theta_k/s_j)}{\sum\limits_{i=1}^{n} P(s_j)P(\theta_k/s_j)} \quad (j = 1, 2, \cdots, n; \ k = 1, 2, \cdots, l)$$

其中 s_1，s_2，$\cdots$，s_n 为一完备事件组；（乘法公式）

$\sum\limits_{i=l}^{n} P(s_i)P(\theta_k/s_i) = P(\theta_k)$ 是完全概率公式。

利用后验概率代替先验概率进行决策分析。

【例 10 - 5】某石油公司考虑在某地钻井，结果可能出现三种情况即三种自然状态：无油（s_1），少油（s_2），富油（s_3）。其出现的概率分别是 $P(s_1) = 0.5$，$P(s_2) = 0.3$，$P(s_3) = 0.2$，钻井费用 7 万元，若少量出油，可收入 12 万元：若大量出油，可收入 27

万元；如果不出油，收入为零。为了避免盲目钻井，可进行勘探，以便了解地质构造情况。勘探结果可能是地质构造差(θ_1)、构造一般(θ_2)或构造良好(θ_3)。由过去的经验，地质构造与油井出油的关系见表10-5，假设勘探费为1万元。问：① 应如何根据勘探结果来决定是否钻井？② 应先行勘探，还是不进行勘探直接钻井？

表 10 - 5 　　　　　　　　　　　　地层构造与油井出油关系表

$P(\theta_k/s_j)$	构造较差 θ_1	构造一般 θ_2	构造良好 θ_3	$\sum\limits_{k=1}^{3} P(\theta_k/s_j)$
无油(s_1)	0.6	0.3	0.1	1.0
少油(s_2)	0.3	0.4	0.3	1.0
富油(s_3)	0.1	0.4	0.5	1.0

解　（1）设 A_1 表示"钻井"，A_2 表示"不钻井"，用贝叶斯决策。

先由全概率公式得

$$P(\theta_1) = \sum_{i=1}^{3} P(s_i) P(\theta_1/s_i) 0.5 \times 0.6 + 0.3 \times 0.3 + 0.2 \times 0.1 = 0.41$$

$$P(\theta_2) = 0.5 \times 0.3 + 0.3 \times 0.4 + 0.2 \times 0.4 = 0.35$$

$$P(\theta_3) = l - 0.41 - 0.35 = 0.24$$

再由贝叶斯公式计算后验概率得

$$P(s_1/\theta_1) = \frac{P(s_1) P(\theta_1/s_1)}{P(\theta_1)} = \frac{0.5 \times 0.6}{0.41} = 0.7317$$

$$P(s_2/\theta_1) = \frac{P(s_2) P(\theta_1/s_2)}{P(\theta_1)} = \frac{0.3 \times 0.3}{0.41} = 0.2195$$

$$P(s_3/\theta_1) = 1 - 0.7317 - 0.2195 = 0.0488$$

$$P(s_1/\theta_2) = 0.4286, \quad P(s_2/\theta_2) = 0.3428, \quad P(s_3/\theta_2) = 0.2286$$

$$P(s_1/\theta_3) = 0.2083, \quad P(s_2/\theta_3) = 0.375, \quad P(s_3/\theta_3) = 0.4617$$

以后验概率为依据，采用期望值准则进行决策。

若勘探结果是地质构造较差(θ_1)，则

$$E(A_1) = 0 \times 0.7317 + 12 \times 0.2195 + 27 \times 0.0488 - 8(勘探费及钻井费) = -4(万元)$$

$$E(A_2) = -1(万元)(勘探费)$$

故 $A^* = A_2$，即不钻井。

若勘探结果是地质结构一般(θ_2)，则

$$E(A_1) = 0 \times 0.4286 + 12 \times 0.3428 + 27 \times 0.2286 - 8 = 2.29(万元)$$

$$E(A_2) = -1(万元)(勘探费)$$

故 $A^* = A_1$，即钻井。

若勘探结果是地质结构良好(θ_3)，则

$$E(A_1) = 0 \times 0.2083 + 12 \times 0.3750 + 27 \times 0.4167 - 8 = 7.75(万元)$$

$$E(A_2) = -1(万元)(勘探费)$$

故 $A^* = A_1$，即钻井。

（2）确立是否先行勘探。

若先行勘探，其期望最大收益为

$$E(B) = -1 \times 0.41 + 2.29 \times 0.35 + 7.75 \times 0.24 = 2.25(万元)$$

若不进行勘探，即用先验概率考虑，则

$$E(A_1) = 0 \times 0.5 + 12 \times 0.3 + 27 \times 0.2 - 7(钻井费用) = 2(万元)，E(A_2) = 0$$

由此，$A^* = A_1$，即最优决策是钻井，最优期望收益为 2 万元。另外，由于 2.25 > 2，所以应先进行勘探，然后再决定是否钻井。

10.4.4　决策树方法

用益损期望值决策准则所解决的问题也可用决策树法进行分析解决。决策树法还适用于序贯决策（多级决策），是描述序贯决策的有力工具。用决策树来进行决策，具有分析思路清晰、决策结果形象明确的优点。

决策树就是借助网络中的"树"来模拟决策，即把各种自然状态（及其概率）、各个行动方案用点和线连接成"树图"，再进行决策，决策树如图 10 - 2 所示。

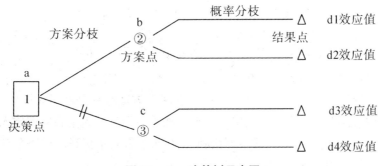

图 10 - 2　决策树示意图

□ 表示决策点，其上方数字 a 为决策的效应期望值，列出的分枝称为"方案分枝"，分枝个数反映了可能的行动方案数。

○ 表示方案点，其上方数字 b、c 为该方案的效应期望值，引出的分枝称为"概率分枝"，每分枝的上面写明自然状态的概率，分枝的个数就是可能的自然状态数。

△ 表示结果点，它是决策树的"树梢"，其旁边的数字是每方案在相应状态下的效应值。

∥ 表示修剪，比较各行动方案的效应期望值的大小，确定最佳方案分枝，其他分枝舍去，称为修剪分枝。

运用决策树法的几个关键步骤如下：

（1）画出决策树。画决策树的过程也就是对未来可能发生的各种事件进行周密思考、预测的过程，把这些情况用树状图表示出来，先画决策点，再找方案分枝和方案点，最后再画出概率分枝。

（2）由专家估计法或用试验数据推算出概率值，并把概率写在概率分枝的位置上。

（3）计算益损期望值，由树梢开始从右向左的顺序进行，用期望值法计算，若决策目标是盈利时，比较各分枝，取期望值最大的分枝，对其他分枝进行修剪。

如果用决定树法可以进行多级决策，多级决策（序贯决策）的决策树至少有2个以上决策点。

【例10－6】将本章例10－2用决策树法求解。

解 先由实际问题画出决策树，如图10－3所示。

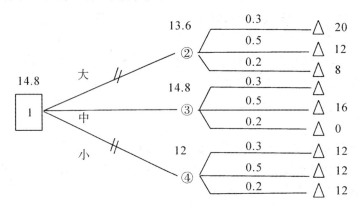

图 10 － 3 例 6 的决策树示意图

计算各点的损益期望值。

② 点：$20 \times 0.3 + 12 \times 0.5 + 8 \times 0.2 = 13.6$

③ 点：$16 \times 0.3 + 16 \times 0.5 + 10 \times 0.2 = 14.8$

④ 点：$12 \times 0.3 + 12 \times 0.5 + 12 \times 0.2 = 12$

经比较可知 $E(d_2)$ 最大，因此 d_2 是最优方案。

【例10－7】修建一个使用10年的机场，有两个方案：一是修建大机场，需投资300万元；二是修建小机场，投资120万元。估计机场使用良好3年后再扩建大机场，需投资200万元，但随后的7年中，每年可获利95万元，否则不扩建。用决策树法确定修建方案，其收益见表10－6。

表 10 － 6   方案收益表   单位：万元／年

收益 / 状态 / 方案	使用良好(S_1) $P(S_1) = 0.7$	使用一般(S_2) $P(S_2) = 0.7$
建大机场(d_1)	100	－25
建小机场(d_2)	40	20

解 画决策树，如图10－4所示。由于本题是序贯决策，需按7年和3年两个阶段处理，注意有2个决策点。

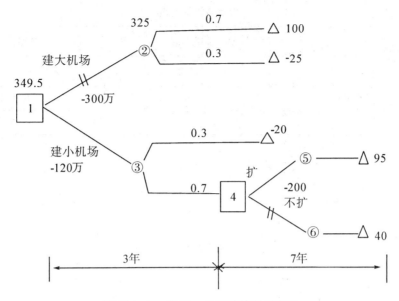

图 10 - 4 例 10 - 7 的决策树示意图

计算各点的益损值或益损期望值。

点 ⑥：$40 \times 7 = 280$（万元）　　点 ⑤：$95 \times 7 - 200 = 465$（万元）

∵ $465 > 250$，选择扩建方案，修建不扩建方案。

点 ③：$[465 + 40 \times 3] \times 0.7 + [20 \times 10] \times 0.3 - 120 = 349.5$（万元）

点 ②：$[100 \times 0.7 + (-25) \times 0.3] \times 10 - 300 = 325$（万元）

∵ $349.5 > 325$，选择建小机场，修改建大机场方案，将"349.5"写在决策点 1 上方。

本问题的最优决策方案：选择修建小机场，如果使用情况良好，三年后再进行扩建，否则就不扩建。

10.4.5　灵敏度分析

各行动方案所造成的结果（益损值）和某种自然状态可能出现的概率，都是由过去的统计资料经验而得到的，由此评定的最优方案是否正确、可靠呢？灵敏度分析就是检验这种情况所做的工作。关键是先按一定规则改变决策模型中的重要参数，找出在最优方案时各参数的允许变动的范围。若各参数在允许范围内，则可认为原来选择的最优方案的结论仍然可信，仍然比较稳定。若原来估计的主观概率稍有变动，最优方案立即有变，说明该最优方案是不稳定的，应该进一步予以分析并调整模型。

【例 10 - 8】某厂生产一产品，拟定甲、乙两个方案。若已知该产品销路好和销路差两种状态的概率分别为 0.2 和 0.8，并可估算出两种方案在今后 5 年内不同状态下的益损值，见表 10 - 7。问：选择哪一种方案最优？

表 10 – 7   方案益损信息表

状态 概率 益损值 方案	销路好	销路差
	0.2	0.8
甲(d_1)	30	– 5
乙(d_2)	100	– 35

解   先做出决策树图，如图 10 – 5 所示。

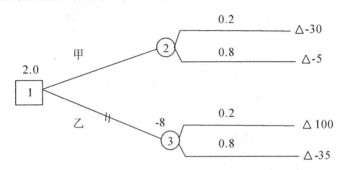

图 10 – 5   例 10 – 8 的决策树示意图(1)

由此求出 $E(d_1) = 0.2 \times 30 + 0.8 \times (-5) = 2$

$E(d_2) = 0.2 \times 100 + 0.8 \times (-35) = -8$

经比较后可知最优方案是甲。

若原先估计的概率有了变化，由市场调查得产品销路好和销路差的概率均为 0.5，经过重新计算，其最优方案的结论也有改变，既不是原先的甲方案，也不是乙方案了，如图 10 – 6 所示。

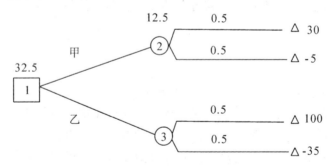

图 10 – 6   例 10 – 8 的决策树示意图(2)

那么，自然状态的概率究竟变化多大才不会改变原先所选择的最优方案呢? 下面用灵敏度分析给出回答。

设 α 表示销路好的概率，则 $1 - \alpha$ 是销路差的概率。现设甲、乙两方案的益损期望值相等，则有

$$\alpha \times 30 + (1 - \alpha) \times (-5) = \alpha \times 100 + (1 - \alpha) \times (-35)$$

$$30\alpha - 5 + 5\alpha - 100\alpha + 35 - 35\alpha = 0$$

令 $f(\alpha) = 30 - 100\alpha = 0$，则 $\alpha = 0.3$

上述情况表明，当销路好的概率 $\alpha = 0.3$ 时，甲、乙两方案的益损期望值相等，即 $f(\alpha) = 0$ 时，两方案等价。当 $f(\alpha) > 0$ 时，甲方案优于乙方案，当 $f(\alpha) < 0$ 时，乙方案优于甲方案。所以 $\alpha = 0.3$ 时称为转折概率或临界概率。

最初当销路好的概率为 0.2 时，甲为最优方案，概率 0.2 < 0.3，因此所选择的最优方案是比较稳定的。若原来估计的主观概率稍有微小的变动，最优方案立即有变，说明该优选方案是不稳定的，应进一步加以分析和调整。

10.5　多目标决策的层次分析法

层次分析法（Analytic Hierarchy Process，AHP）是美国运筹学家萨蒂（T. L. Saaty）于 20 世纪 70 年代中期创立的一种定性与定量分析相结合的多目标决策方法。其本质是试图使人的思维条理化、层次化，它充分利用人的经验和判断，并予以量化，进而评价决策方案的优劣，并排出它们的优先顺序。由于 AHP 的应用简单有效，特别是对目标结构复杂，并且缺乏必要的数据资料的情况（如社会经济系统的评价项目）更为实用。应用层次分析法进行系统评价，其主要步骤：构造多级递阶结构模型，建立比较的判断矩阵，计算相对重要度，进行一致性检验，计算综合重要度等。

10.5.1　构造多级递阶结构模型

层次分析法的多级递阶结构模型有如下三种形式：

（1）完全相关性结构：其结构特点是上一级的每一要素与下一级的所有要素都是相关的。如图 10-7 所示，某部门欲进行投资，有 3 种投资方案可供选择（如图 10-7 所示的第 3 级），而对任意一种方案，投资评价主体均要用上一级（图 10-7 中第 2 级）的风险程度、资金利润率和转产难易程度等三个评价项目来评价。因为无论是哪个投资方案都会涉及上述 3 个方面。

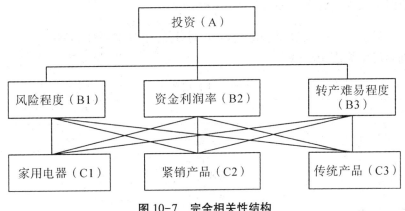

图 10-7　完全相关性结构

（2）完全独立性结构：其结构特点是上一级要素都有各自独立的、完全不相同的下级要素与之联系，如图 10-8 所示。

（3）混合结构：相关性结构和完全独立结构的结合，也可以说既非完全相关又非完全独立的结构，如图 10-9 所示。

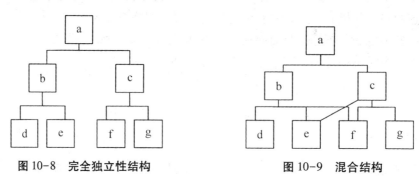

图 10-8　完全独立性结构　　　　　　　　图 10-9　混合结构

10.5.2　建立两两比较的判断矩阵

判断矩阵是计算和比较系统中各级要素相对重要度的基本信息。设有 n 个物体 A_1，A_2，…，A_n；它们的重量分别为 w_1，w_2，…，w_n（用同一度量单位）。若要有 n 个要素与上一级要素 A_3 为比较准则，将它们两两比较重量，其比值（相对重量）可构成 $n \times n$ 的矩阵 A。

$$A = \begin{bmatrix} \dfrac{w_1}{w_1} & \dfrac{w_1}{w_2} \cdots \dfrac{w_1}{w_n} \\ \dfrac{w_2}{w_1} & \dfrac{w_2}{w_2} \cdots \dfrac{w_2}{w_n} \\ \vdots \\ \dfrac{w_n}{w_1} & \dfrac{w_n}{w_2} \cdots \dfrac{w_n}{w_n} \end{bmatrix} = \begin{bmatrix} e_{11} \cdots e_{1n} \\ \vdots \\ e_{n1} \cdots e_{nn} \end{bmatrix} = [e_{ij}]$$

其中主对角线上元素均为 1，其他有 $e_{ji} = \dfrac{1}{e_{ij}} = w_j / w_i$。

确定判断尺度。判断尺度是表示要素 A_i 对 A_j 的相对重要性的数量尺度。层次分析法常用的判断尺度见表 10 - 8。

表 10 - 8　　　　　　　　　　判断尺度的定义表

判断尺度	定义（对上一级要素 A_s 而言，A_i 与 A_j 比较）
1	同样重要
3	略微重要
5	重要
7	重要得多
9	绝对重要
2、4、6、8	其重要程度介于上述两个相邻判断尺度中间

【例 10 – 9】 以图 10 – 7 为例建立判断矩阵。

解 投资(A) 为第 1 级, 第 2 级要素为风险程度(B_1)、资金利润率(B_2)、转产难易程度(B_3)、3 个要素与投资都有关系。今以投资(A) 为准则, 对 B_1、B_2 和 B_3 经过两两比较后, 可建立判断矩阵 E 如下:

$$
\begin{array}{c|ccc}
A & B_1 & B_2 & B_3 \\
\hline
B_1 & 1 & \dfrac{1}{3} & 2 \\
B_2 & 3 & 1 & 5 \\
B_3 & \dfrac{1}{2} & \dfrac{1}{5} & 1
\end{array}
\qquad
E = \begin{bmatrix} 1 & \dfrac{1}{3} & 2 \\ 2 & 1 & 5 \\ \dfrac{1}{2} & \dfrac{1}{5} & 1 \end{bmatrix}
$$

风险程度与风险程度同样重要, 即 $e_{11} = \dfrac{w_1}{w_1} = 1$。认为资金利润率($B_2$) 与风险程度($B_1$) 比较略为重要, 故 $e_{21} = 3$, 反之 $e_{12} = \dfrac{1}{e_{21}} = \dfrac{1}{3}$, 对风险程度与转产难易程度比为 $e_{13} = 2$, 则 $e_{31} = \dfrac{1}{2}$, B_2 比 B_3 重要, 故 $e_{23} = 5$。则 $e_{32} = \dfrac{1}{5}$。

10.5.3 进行层次单排序(计算相对重要度)

在应用层次分析法进行系统评价时, 需要知道下一级要素 B_i 对于以它为比较准则的上一级要素 A_s 的相对重要度, 即 B_i 对于 A_s 的权重。

先求判断矩阵的特征向量 W_0 经过归一化处理, 即可求出 B_i 对于 A_s 的相对重要度, 即权重。

(1) 求特征向量 W 的分量 w_i, $w_i = \left(\prod_{i=1}^{n} e_{ij} \right)^{\frac{1}{n}} (i = 1, 2, \cdots, n)$。

(2) 归一化处理, $W_E = \sum_{i=1}^{n} w_i$。

(3) 求 A_s 的相对重要度 w_i^j(权重), $w_i^j = \dfrac{w_i}{W_E}, (i = 1, 2, \cdots, n)$。

【例 10 – 10】 以图 10 – 7 为例, 将判断矩阵 E 的权重求出。

解

$$
E = \begin{bmatrix} 1 & \dfrac{1}{3} & 2 \\ 3 & 1 & 5 \\ \dfrac{1}{2} & \dfrac{1}{5} & 1 \end{bmatrix}
\qquad
\begin{aligned}
w_1 &= \sqrt[3]{1 \times \dfrac{1}{3} \times 2} = 0.874 \\
w_2 &= \sqrt[3]{3 \times 1 \times 5} = 2.467 \\
w_3 &= \sqrt[3]{\dfrac{1}{2} \times \dfrac{1}{5} \times 1} = 0.464
\end{aligned}
$$

归一化处理，可求得 $W_E = 0.874 + 2.467 + 0.464 = 3.805$

求权重 $w_1' = \dfrac{0.874}{3.805} = 0.23$ $\qquad$ $w_2' = \dfrac{2.467}{3.805} = 0.648$

$w_3' = \dfrac{0.464}{3.805} = 0.122$ $\qquad$ $\therefore w_z = (0.23, 0.648, 0.122)^T$

10.5.4 一致性检验

对复杂事物的各因素，人们采用两两比较时，不可能做到判断的完全一致，从而存在估计误差，并导致特征值及特征向量也有偏差。为了避免误差太大，所以应该衡量判断矩阵的一致性。

若 $EW = nW$，W 为特征向量，n 为特征值，可以证明矩阵 E 具有唯一的非零最大特征根 $\lambda_{\max}$，且 $\lambda_{\max} = n$，这时矩阵 E 称为一致性矩阵。E 存在判断不一致时，一般有 $\lambda_{\max} \geqslant n$。因此可以用一致性指标 $C.I.$ 检验判断矩阵，即

$$C.I. = \frac{\lambda_{\max} - n}{n - 1}$$

$C.I.$ 值越大，判断矩阵的完全一致性越差。若 $C.I.$ 的值小于或等于 0.10 时，通常认为判断矩阵的一致性是可以接受的，否则需要重新进行两两比较判断。

继续求例 10：由 $EW = \lambda W$

$$\begin{bmatrix} 1 & \dfrac{1}{3} & 2 \\ 3 & 1 & 5 \\ \dfrac{1}{2} & \dfrac{1}{5} & 1 \end{bmatrix} \begin{bmatrix} 0.230 \\ 0.648 \\ 0.122 \end{bmatrix} = \begin{bmatrix} \lambda_1 & 0 & 0 \\ 0 & \lambda_2 & 0 \\ 0 & 0 & \lambda_3 \end{bmatrix} \begin{bmatrix} 0.230 \\ 0.648 \\ 0.122 \end{bmatrix}$$

解得 $\lambda_1 = 3.000$，$\lambda_2 = 3.006$，$\lambda_3 = 3.008$，则 $\lambda_{\max} = \lambda_3 = 3.008$，代入 $C.I.$ 公式得

$$C.I. = \frac{3.008 - 3}{3 - 1} = 0.004 < 0.10$$

故上述所得的相对重要度向量 $W_s = [0.230, 0.648, 0.122]^T$，可以认为是一致的，是可以被接受的。

若矩阵阶数 n 较大时，可进一步使用一致性比率 $C.R.$ 指标来进行一致性检验，其公式为 $C.R. = \dfrac{C.I.}{R.I.} \times 100\%$。$R.I.$ 值可由表 10-9 查得。

表 10-9 　　　　　　不同阶数平均随机一致性指标值($3 \leqslant n \leqslant 10$)

阶数(n)	3	4	5	6	7	8	9	10
$R.I.$(%)	0.52	0.89	1.12	1.26	1.36	1.41	1.49	1.49

同样，当 $C.R. < 0.10$ 时，判断矩阵的一致性是可以被接受的。

继续求解例 10 - 10：$n = 3$，$R.I. = 0.52\%$，$C.I. = 0.004$

所以 $C.R. = \dfrac{C.I.}{R.I.}\% = \dfrac{0.004}{0.52\%}\% = 0.008 < 0.1$，可被接受。

10.5.5 进行层次总排序(计算综合重要度)

在计算各级(层)要素对上一级评价准则 A_s 的相对重要度以后，即可从最上一级开始，自上而下地求出每一组要素关于系统总体的综合重要度(也称系统总体的综合权重)，见表 10 - 10，求 C 级全部要素的综合重要度。

表 10 - 10　　　　　　　　　　C 级全部要素的综合重要度

W_i B_j w_y^2 c_j	B_1 w_1'	B_2 w_2'	$\cdots$	B_m w_m'	w_j^2
C_1	w_{21}^2	w_{12}^2	$\cdots$	w_{1m}^2	$w_1^2 = \sum\limits_{i=1}^{m} w_i^1 w_{1i}^1$
C_2	w_{21}^2	w_{22}^2	$\cdots$	w_{2m}^2	$w_2^2 = \sum\limits_{i=1}^{m} w_i^1 w_{2i}^2$
$\vdots$	$\vdots$	$\vdots$	$\vdots$	$\vdots$	$\vdots$
C_n	w_{n1}^2	w_{n2}^2	$\cdots$	w_{nm}^2	$w_n^2 = \sum\limits_{i=1}^{m} w_i^1 w_{ni}^2$

对于层次更多的模型，计算方法相同。

【例 10 - 11】如图 10 - 7 所示，投资(A)第一层，第二层(投资方案的准则)，风险程度(B_1)，资金利润率(B_2)及转产难易程度(B_3)，第三层(三个投资方案)，即生产某种家用电器(C_1)，生产某种紧俏产品(C_2)，生产本省的传统产品(C_3)。分析认为：若投资用来生产家用电器，其优点是资金利润率高，但因竞争厂家多，故所冒风险也大，转产困难。若投资生产本省独有的传统产品，其优点是所冒风险小，今后转产方便，但资金利润率却很低。若投资生产紧俏产品，其优缺点则介于上述两种方案之间。因此，对上述三种投资方案不能立即做出评价和决策。请应用层次分析法对其进行分析和评价。

解　(1)建立多级递阶结构，如图 10 - 7 所示，是一个完全相关性的三级递阶结构。

(2)建立判别矩阵，进行层次单排序，计算各级要素的相对重要度。

表 10 - 11 　　　　　　　　例 10 - 11 判别矩阵

A	B_1	B_2	B_3	w_i^1
B_1	1	$\dfrac{1}{3}$	2	0.230
B_2	2	1	5	0.648
B_3	$\dfrac{1}{2}$	$\dfrac{1}{5}$	1	0.122

(a) C.R. = 0.008 < 0.10

B_1	C_1	C_2	C_3	w_j^2
C_1	1	$\dfrac{1}{3}$	$\dfrac{1}{5}$	0.105
C_2	3	1	$\dfrac{1}{3}$	0.258
C_3	5	3	1	0.637

(b) C.R. = 0.042 < 0.10

B_2	C_1	C_2	C_3	w_{ji}^2
C_1	1	2	7	0.592
C_2	$\dfrac{1}{2}$	1	5	0.333
C_3	$\dfrac{1}{7}$	$\dfrac{1}{5}$	1	0.075

(c) C.R. = 0.015 < 0.10

B_3	C_1	C_2	C_3	w_{ji}^2
C_1	1	$\dfrac{1}{3}$	$\dfrac{1}{7}$	0.081
C_2	3	1	$\dfrac{1}{5}$	0.188
C_3	7	5	1	0.731

(d) = C.R. = 0.067 < 0.10

（3）一致性检验，由上可知 C.R. 值全部通过一致性检验。故所有的相对重要度都是可以接受的。

（4）计算综合重要度（进行层次总排序），见表 10 - 12。

表 10 - 12 　　　　　　　　例 10 - 11 综合重要度

W_i B_j / W_{ji}^2 / C_j	B_1	B_2	B_{ji}	w_j^2
	0.230	0.648	0.122	
C_1	0.105	0.592	0.081	0.418
C_2	0.258	0.333	0.188	0.298
C_3	0.637	0.075	0.731	0.284

其中生产家用电器的综合重要度为

$$w_1^2 = \sum_{i=1}^{3} w_i^1 w_{1i}^2 = 0.230 \times 0.105 + 0.648 \times 0.592 + 0.122 \times 0.081 = 0.418$$

类似可求出 $w_2^2 = 0.298$，$w_2^3 = 0.284$，总排序的一致性检验达到满意的一致性（过程略），经比较后可知 w_1^2 最大，故投资家用电器方案为最好。

习　　题

10.1　某厂考虑生产甲、乙两种产品，根据过去市场需求统计见表 10 - 13。

表 10 - 13　　　　　　　　　　过去市场需求统计

方案 \ 概率 \ 自然状态	旺季 A = 0.7	淡季 A = 0.3
甲种	4	3
乙种	7	2

用最大可能性法进行决策。

10.2　对 10.1 题用期望值法进行决策并进行灵敏度分析，求出转折概率。

10.3　某公司为了扩大市场，要举行一个展销会，会址打算选择在甲、乙、丙三地。获利情况除了与会址有关系外，还与天气有关，天气可区分为晴、普通、多雨三种（分别以 N_1、N_2、N_3 表示）。通过天气预报，估计三种天气情况可能发生的概率为 0.25，0.50，0.25。其收益情况见表 10 - 14，用期望值准则进行决策。

表 10 - 14　　　　　　　　　　收益情况表　　　　　　　　　　单位：万元

选址方案 \ 概率 \ 自然状态	晴（N_1） 0.25	普通（N_2） 0.50	多雨（N_3） 0.25
甲地	4	6	1
乙地	5	4	1.5
丙地	6	2	1.2

10.4　将 10.3 题用矩阵法进行决策。

10.5　今要建立一个企业，有 4 个投资方案，三种自然状态，投资数量见表 10 - 15。

表 10 - 15　　　　　　　　　　投资数量有　　　　　　　　　　单位：百万元

投资方案 \ 概率 \ 自然状态	Q_1 1/2	Q_2 1/3	Q_3 1/6
A1	4	7	4
A2	5	2	3
A3	8	6	10
A4	3	1	9

用矩阵法进行决策。

10.6　某公司需要决定建大厂还是建小厂来生产一种新产品，该产品的市场寿命为 10 年，建大工厂的投资为 280 万元，建小厂的投资为 140 万元。10 年内销售状况的离散分布状态是：

高需求量的可能性为 0.5；中等需求量的可能性为 0.3；低需求量的可能性为 0.2。

公司进行了成本—产量—利润分析,在工厂规模和市场容量的组合下,它们的条件收益如下:

① 大工厂,高需求,每年获利 100 万元。

② 大工厂,中需求,每年获利 60 万元。

③ 大工厂,低需求,由于开工不足,引起亏损 20 万元。

④ 小工厂,高需求,每年获利 25 万元(供不应求引起销售损失较大)。

⑤ 小工厂,中需求,每年获利 45 万元(销售损失引起的费用较低)。

⑥ 小工厂,低需求,每年获利 55 万元(因工厂规模与市场容量配合得好)。

用决策树方法进行决策。

10.7 将 10.5 题用决策树法进行决策。

10.8 将 10.6 题用矩阵法决策。

10.9 将 10.3 题用决策树方法进行决策。

10.10 某厂有一种新产品,其推销策略有 S_1、S_2、S_3 三种可供选择,但各方案所需的资金、时间都不同,加上市场情况的差别,因而获利和亏损情况不同。而市场情况也有三种: Q_1(需要量大),Q_2(需要量一般),Q_3(需要量低)。市场情况的概率并不知道,其损益矩阵见表 10-16,用乐观法进行决策。

表 10-16　　　　　　　　　　　　损益矩阵　　　　　　　　　　单位:万元

S_I ＼ Q_1	市场情况		
	Q_1	Q_2	Q_3
S_1	50	10	-5
S_2	30	25	0
S_3	10	10	10

10.11 将 10.10 题用悲观准则进行决策。

10.12 某企业面临三种方案可以选择,五年内的损益如表 10-17,用乐观系数法($a1 = 0.3$,$a2 = 0.7$)决策,然后加以比较。

表 10-17

决策方案 ＼ 自然状态	需　求　量			
	高	中	低	失败
扩建	50	25	-25	-45
新建	70	30	-40	-80
转包	30	15	-1	-10

10.13 将 10.12 题用等可能准则(Laplace)进行决策,并与上题比较结果。

10.14 在开采油井时,出现不定情况,用后悔值准则决定是否开采。损益矩阵见表 10-18。

表 10 - 18 损益矩阵

自然状态 ／方案	有油	无油
	Q	Q
开 采	5	1
不开采	0	0

10.15 某企业要投产一种新产品,投资方案有三个: S_1、S_2、S_3 不同经济形势下的利润如表 10 - 19 所示。用乐观系数准则($a1 = 0.6$,$a2 = 0.4$)进行决策。

表 10 - 19 不同经济形势下的利润 单位:万元

投资方案	不同经济形势		
	好	平	差
S_1	10	0	- 1
S_2	25	10	5
S_3	50	0	- 40

10.16 将 10.15 题用等可能准则进行决策。

10.17 建厂投资有三个行动方案可以选择,并有三种自然状态,其损失表见表 10 - 20,用乐观准则进行决策。

表 10 - 20 损失表

状态 损失值 ／方案	自然状态		
	Q_1	Q_2	Q_3
A_1	3	7	3
A_2	6	5	4
A_3	5	6	10

10.18 将 10.17 题用悲观准则进行决策。